现代水声技术与应用丛书

杨德森　主编

水下声学角反射器

陈文剑　著

科学出版社

北　京

内 容 简 介

本书系统地论述了水下声学角反射器的理论、特性和应用。以水下目标散射声场计算的高频近似方法及其数值计算的板块元方法为基础,介绍了计算含有多次散射声场的声束弹跳方法;分别对水下二面角反射器和三面角反射器散射声场理论分析方法、回波亮点、目标强度、回波相位、瑞利距离、角度误差和起伏反射面的影响,以及固体板和空气夹层固体板等非硬边界进行了论述;介绍了具有角反射结构的双圆锥(台)反射体的回波特性;介绍了几种水下声学角反射器的应用实例。

本书可供从事水声学理论研究以及水下目标回波特性、水声对抗和水声测试计量等专业的科技人员参考阅读,也可供相关专业的高年级本科生和研究生阅读。

图书在版编目(CIP)数据

水下声学角反射器 / 陈文剑著. -- 北京:科学出版社,2025.6.
(现代水声技术与应用丛书 / 杨德森主编). -- ISBN 978-7-03-080350-4

Ⅰ. TN243

中国国家版本馆 CIP 数据核字第 2024T06P37 号

责任编辑:王喜军 高慧元 张 震 / 责任校对:王萌萌
责任印制:徐晓晨 / 封面设计:无极书装

科学出版社 出版
北京东黄城根北街 16 号
邮政编码:100717
http://www.sciencep.com
三河市春园印刷有限公司印刷
科学出版社发行 各地新华书店经销

*

2025 年 6 月第 一 版 开本:720 × 1000 1/16
2025 年 6 月第一次印刷 印张:12
字数:242 000
定价:118.00 元
(如有印装质量问题,我社负责调换)

丛 书 序

海洋面积约占地球表面积的三分之二，但人类已探索的海洋面积仅占海洋总面积的百分之五左右。由于缺乏水下获取信息的手段，海洋深处对我们来说几乎是黑暗、深邃和未知的。

新时代实施海洋强国战略、提高海洋资源开发能力、保护海洋生态环境、发展海洋科学技术、维护国家海洋权益，都离不开水声科学技术。同时，我国海岸线漫长，沿海大型城市和军事要地众多，这都对水声科学技术及其应用的快速发展提出了更高要求。

海洋强国，必兴水声。声波是迄今水下远程无线传递信息唯一有效的载体。水声技术利用声波实现水下探测、通信、定位等功能，相当于水下装备的眼睛、耳朵、嘴巴，是海洋资源勘探开发、海军舰船探测定位、水下兵器跟踪导引的必备技术，是关心海洋、认知海洋、经略海洋无可替代的手段，在各国海洋经济、军事发展中占有战略地位。

从 1953 年中国人民解放军军事工程学院（即"哈军工"）创建全国首个声呐专业开始，经过数十年的发展，我国已建成了由一大批高校、科研院所和企业构成的水声教学、科研和生产体系。然而，我国的水声基础研究、技术研发、水声装备等与海洋科技发达的国家相比还存在较大差距，需要国家持续投入更多的资源，需要更多的有志青年投入水声事业当中，实现水声技术从跟跑到并跑再到领跑，不断为海洋强国发展注入新动力。

水声之兴，关键在人。水声科学技术是融合了多学科的声机电信息一体化的高科技领域。目前，我国水声专业人才只有万余人，现有人员规模和培养规模远不能满足行业需求，水声专业人才严重短缺。

人才培养，著书为纲。书是人类进步的阶梯。推进水声领域高层次人才培养从而支撑学科的高质量发展是本丛书编撰的目的之一。本丛书由哈尔滨工程大学水声工程学院发起，与国内相关水声技术优势单位合作，汇聚教学科研方面的精英力量，共同撰写。丛书内容全面、叙述精准、深入浅出、图文并茂，基本涵盖了现代水声科学技术与应用的知识框架、技术体系、最新科研成果及未来发展方向，包括矢量声学、水声信号处理、目标识别、侦察、探测、通信、水下对抗、传感器及声系统、计量与测试技术、海洋水声环境、海洋噪声和混响、海洋生物声学、极地声学等。本丛书的出版可谓应运而生、恰逢其时，相信会对推动我国水声事业的发展发挥重要作用，为海洋强国战略的实施做出新的贡献。

在此，向 60 多年来为我国水声事业奋斗、耕耘的教育科研工作者表示深深的敬意！向参与本丛书编撰、出版的组织者和作者表示由衷的感谢！

中国工程院院士　杨德森

2018 年 11 月

自　序

　　角反射器在光学和电磁学领域中已被大量研究并得到了广泛应用，但在水声学领域中的研究和应用较少。作者攻读博士学位期间，在导师孙辉教授的指导下开始对水下声学角反射器进行研究，借鉴激光角反射器和雷达角反射器的研究成果，对角反射器中的共性问题开展了回波理论计算方法研究，并针对水声学特有的问题进行了分析，研制了空腔结构组合式水下声学角反射器，将其应用到模拟目标回波的靶标设计中，提出了将水下声学角反射器作为海底标记物的方案，进行了相关的理论研究和水池实验。经过作者十余年的持续研究，水下声学角反射器回波计算的理论方法逐渐成熟，我们对其回波特性也有了系统性的认识，并继续开展了水下标准体和标记体等水声学应用研究。近年来，水下声学角反射器也得到了相关研究人员的关注。本书是作者对相关研究工作的梳理和总结，同时也希望能为从事此方向研究的科技人员提供参考，以期进一步推动水下声学角反射器的优化设计、开发和应用。

　　本书第 1 章介绍激光角反射器、雷达角反射器、水下声学角反射器的研究概况。第 2 章介绍计算水下目标散射声场的基尔霍夫（Kirchhoff）近似方法及其数值计算的板块元方法，对比分析板块元计算的四种积分算法。第 3 章介绍计算凹面目标多次散射声场的声束弹跳方法，给出三种反射面元构建方法，利用声束弹跳方法计算直角圆锥凹面和双球体目标的多次散射声场。第 4 章介绍二面角反射器理论计算方法，分析绝对硬边界二面角反射器的二次反射波亮点位置、目标强度、回波相位、瑞利距离等特性，分析角度误差和起伏反射面对目标强度的影响，同时分析非硬边界二面角反射器的回波特性。第 5 章介绍三面角反射器理论计算方法，分析绝对硬边界和非硬边界三面角反射器的回波特性。第 6 章介绍双圆锥（台）反射体的回波特性。第 7 章介绍几种水下声学角反射器的应用实例，包括水下双层十字交叉组合二面角反射器、水下目标回波模拟的组合三面角反射器、水下被动声学标记体和水下声回波标准体。书中所述的计算多次散射声场的声束弹跳方法，除了为水下声学角反射器的散射声场理论预报、特性分析、结构设计等提供基础方法，还可以计算任何包含多次散射的水下目标或起伏界面等的散射声场。从理论和应用的角度分析水下声学角反射器的回波特性，有利于读者深入理解其回波形成过程，进而在工程应用中进行合理的结构设计。

　　本书中的理论算法研究得到了国家自然科学基金面上项目（12074089）、

国家自然科学基金青年科学基金项目（11404077）、上海交通大学海洋智能装备与系统教育部重点实验室开放基金项目（MIES-2020-10）和水声对抗技术重点实验室开放基金项目（JCKY2023207CH03）的资助，应用实例研究得到了中国船舶集团有限公司第七〇五研究所（昆明分部）和第七六〇研究所横向课题，以及南京华东电子集团有限公司、鹏城实验室和西安国器材料科技有限公司的支持，在此表示感谢！

　　哈尔滨工程大学殷敬伟教授为本书的撰写和出版提出了宝贵指导意见，孙辉教授对书中研究内容和方法给予了大量指导和帮助。在内容研究过程中，上海交通大学范军教授和王斌教授、北京信息科技大学厉夫兵副教授、哈尔滨工程大学朱建军副教授、第七〇五研究所（昆明分部）朱大非高级工程师、第七六〇研究所吕良浩高级工程师和孟昭然高级工程师等给予了必要的支持，另外，硕士研究生刘硕、孙义诚、王艺迪等也做了大量资料整理方面的工作。谨此向他们表示衷心的感谢！

　　作者深感理论知识和实践经验不足，书中难免存在疏漏之处，敬请读者批评指正。

陈文剑

2024 年 9 月 26 日于哈尔滨

目　　录

第1章 绪 论

角反射器通常由两个或三个相互垂直的面组成，两个面组成的称为二面角反射器（dihedral corner reflector），三个面组成的称为三面角反射器（trihedral corner reflector）。其特殊的几何结构使得入射到角反射器上的光波、电磁波或声波经过面间的多次反射后返回入射方向，因此，角反射器具有强回波特性。

1.1 激光角反射器概述

在光学领域，角反射器常作为激光测距的光学反射体使用，即向角反射器发射激光脉冲，通过精确测量激光脉冲往返时间来测定距离。1964 年，美国国家航空航天局（National Aeronautics and Space Administration，NASA）发射了第一颗带有角反射器的卫星并实现了卫星激光测距。1969 年，"阿波罗 11 号"（Apollo 11）成功登月，宇航员阿姆斯特朗（Armstrong）在月球表面放置了第一个激光角反射器，随后美国和苏联又在多次登月行动中放置了多个阵列式激光角反射器。目前月球上共有 6 个角反射器阵列，分别是美国的阿波罗 11 号、阿波罗 14 号和阿波罗 15 号所部署的，如图 1.1 所示；苏联月球车 Lunokhod 1 号和 2 号上安装的角反射器阵列[1]，如图 1.2 所示；2024 年我国"嫦娥六号"探测器部署的角反射器①。

(a) 阿波罗11号角反射器阵列　　　　(b) 阿波罗14号角反射器阵列　　　　(c) 阿波罗15号角反射器阵列

图 1.1　阿波罗 11 号、阿波罗 14 号、阿波罗 15 号所部署的角反射器阵列

---

① 胡浩，王琼，胡浩德，等. 人类首次月球背面采样返回"嫦娥"六号任务综述[J]. 中国航天，2024，（7）：6-13.

(a) Lunokhod 2 号月球车　　　　　　　　(b) 角反射器阵列

图 1.2　Lunokhod 2 号月球车及其角反射器阵列

我国有多家单位从事卫星激光角反射器的研制。例如，中国科学院上海天文台自 1999 年开始从事激光角反射器的相关理论、实验研究以及卫星激光角反射器载荷研制工作，2002 年，为"神舟四号"轨道舱研制了激光角反射器；2005 年开始，为"北斗"导航卫星研制了 20 多套激光角反射器；2014 年，设计和研制了"天宫一号"空间交会对接的激光雷达合作目标[2]。图 1.3（a）和（b）所示为北斗 MEO 角反射器阵列、GEO/IGSO 角反射器阵列。

为了实现毫米级地月测距精度，近年来，欧美国家、日本和中国均在研究新一代单体大孔径激光角反射器[3-6]。例如，中山大学研制了单体中空激光角反射器，如图 1.3（c）所示，并已搭载于"嫦娥四号"月球中继星"鹊桥"上。

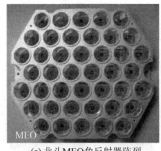
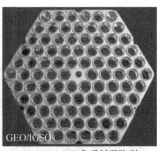

(a) 北斗MEO角反射器阵列　　　　(b) GEO/IGSO角反射器阵列　　　(c) "鹊桥"单体中空激光角反射器

图 1.3　北斗 MEO 角反射器阵列、GEO/IGSO 角反射器阵列和"鹊桥"单体中空激光角反射器

1.2　雷达角反射器概述

利用角反射器体积小、回波强度大的特点，雷达角反射器常作为干扰假目标或雷达回波增强器使用。早在二战时期，诺曼底登陆战役发起前，英美联军派遣舰艇拖带安装雷达角反射器的小船，在德军雷达屏幕上造成了大型军舰入侵的假

象。此外，盟军还在布伦地区附近海岸投放人体模型和雷达反射体模拟的假伞兵，模拟对德军进行大规模空袭的假象，给德军造成了错觉，使其急忙将大量海空力量调往布伦地区，打乱了德军的防御部署，保证了诺曼底登陆战役的胜利[7]。

把角反射器安装在机动车辆上或放置在拖曳的兵器器材模型内，也可模拟行军纵队或单个技术兵器和车辆的雷达回波。为了保护大城市中的大型建筑物、水库、桥梁等，可在保护物附近装上角反射器，如图 1.4（a）所示，使轰炸机上雷达显示器显示的图形分不清真假目标，多个角反射器在地面上产生相当于非常大的建筑物的反射信号。将多个雷达角反射器安装在靶船上，如图 1.4（b）所示，在海面上可产生相当于大型舰艇的雷达回波。用雷达角反射器作为被动式雷达回波增强器可以对空中目标进行跟踪、定位，例如，美国海军 F-3D、F-4 战斗机在起落架前安装的雷达角反射器，如图 1.5 所示。

(a) 桥梁附近设置雷达角反射器　　　　　　　　(b) 靶船上的雷达角反射器

图 1.4　在桥梁附近设置雷达角反射器和靶船上的雷达角反射器

(a) F-3D 上的雷达角反射器　　　　　　　　(b) F-4 上的雷达角反射器

图 1.5　美国海军 F-3D 和 F-4 战斗机上安装的雷达角反射器

将雷达角反射器设计制作成充气式结构，在水面舰艇电子战领域作为诱饵也具有广泛的应用。欧文公司研发的 DLF 系列充气式雷达角反射器，已经在英国皇家海军的多种水面舰艇上实现装备，同时也装备于美国、法国、意大利等多个国家的海军舰艇。美国把引进的 DLF-3 型充气式雷达角反射器重新命名为 MK-59 充气式雷达角反射器，它是用 20 个角反射器构成的具有 60 个面的大直径的类球形全向角反射器，投放系统采用了类似于鱼雷发射管的发射装置，利用高压气体发射充气式雷达角反射器，发射以后在距舰艇一定距离时通过系索的拉动，高压气体系统能在数秒内完成充气展开成型[8]，如图 1.6 所示。

(a) 发射状态   (b) 展开状态

图 1.6　安装在"伯克"级驱逐舰侧舷的 MK-59 漂浮式诱饵的发射状态与展开状态

雷达角反射器作为假目标或诱饵已有广泛的应用，学者仍在利用其特性扩展应用领域，例如，文献[9]通过理论分析和实验验证了将角反射器作为无线电引信对空靶标的可行性；文献[10]利用角反射器构建无源诱骗系统，分析了无源诱骗技术原理及其抗反辐射弹的必要条件；文献[11]将方形三面角反射器作为测试目标，通过雷达相位测量来表征大气折射率的变化；文献[12]～[14]把角反射器作为永久散射体应用到了地形测量和地面形变监测方面。利用角反射器在一定范围内反向回波对方向的不敏感性，也常将其作为标准体或定标体进行雷达散射截面（radar cross section，RCS）定标测试，或进行成像雷达的校准，例如，文献[15]讨论了利用角反射器进行目标近场 RCS 标定问题；文献[16]针对收发分离单站 RCS 定标测试中三面角反射器应用中存在双站角的问题，计算分析了不同双站角时的 RCS 特性，给出了在单站及收发分离单站 RCS 定标测试中的应用方案；文献[17]利用角反射器阵列进行了飞机成像雷达的校准；文献[18]利用角反射器进行了机载 95GHz 极化雷达的校准；文献[19]～[21]利用角反射器进行了合成孔径雷达（synthetic aperture radar，SAR）影像的辐射标定和几何校正。

针对雷达角反射器在应用过程中遇到的问题，学者持续开展了相关研究。

（1）雷达角反射器结构和材料方面，文献[22]、[23]设计了一种具有高孔径效率的三面角反射器，其总表面积为具有相同最大 RCS 的三面角反射器的 2/3；文献[24]通过在传统的三面角反射器的一个内表面上添加规定尺寸和方向的矩形波纹导电翅片，以达到扭曲极化或圆极化响应的目的；文献[25]通过对一个或多个内表面进行波纹处理得到各向异性三面角反射器，分析了波纹方向对后向散射特性的影响；文献[26]研究了各向异性材料涂覆金属二面角反射器的后向电磁散射特性；文献[27]、[28]为了解决放置在地面上的角反射器在掠射角接近平行反射面时 RCS 迅速减小的问题，提出了一种扩展接地反射面面积的三面角反射器结构；文献[29]把反射面设计成若干梯形或三角形叶片，每个叶片可自由旋转，通过调整叶片旋转角度实现不同的 RCS 值，可实现同一反射器伪装不同类型目标；文献[30]针对传统角反射器的性能强烈依赖于入射波长、难以对抗变频雷达的探测这一问题，设计了一种加载超材料吸波体的新型角反射器；文献[31]在普通涤纶织物上实施化学镀铜镍，制作了一种可折叠的柔性角反射器；文献[32]设计了可减小风的影响、并能快速排水和清灰的穿孔雷达角反射器，分析了不同孔径和不同孔中心间距对最大雷达散射截面的影响；文献[33]针对平板结构的 SAR 角反射器，结合几何光学和戈登（Gordon）面元积分算法提出一种角反射器 RCS 的快速计算方法，分析了入射电磁波频率和角反射器整体尺寸对 RCS 的影响；文献[21]利用基于矩量法的 FEKO 电磁仿真软件对结构优化设计后的三面角反射器进行了建模仿真计算，总结分析了多种异形结构三面角反射器的 RCS 值及方位覆盖角度变化规律。

（2）雷达角反射器机械加工误差方面，文献[34]采用几何光学和物理光学结合的方法，针对反射面存在非正交的情况，建立了一个内角偏离正交性的理想导电三面角反射器后向散射特性的计算模型；文献[35]采用几何光学和物理光学结合的方法，计算和分析了具有阻抗边界条件的三面角反射器的电磁散射问题；文献[36]采用物理光学方法，分析了存在角度误差和不平整度误差时对散射特性的影响，得到了一定频段内的单站 RCS 减缩量与公差量及计算频率的关系曲线；文献[20]采用融入多层次快速多极子算法的矩量法，分析了加工尺寸误差、加工角度误差、入射角度偏差等对三面角反射器 RCS 的影响；文献[37]采用全波数值算法，分析了不同相关长度和均方根高度时不同粗糙度对角反射器 RCS 的影响规律；文献[38]采用矢量光学和光线追迹算法建立了具有面形误差角反射器的几何光路模型，分析了不同球面面形误差的有效反射面积和衍射分布。

（3）雷达角反射器理论分析方法方面，除了上述提到的方法外，文献[39]通过分析二面角反射器上一次和二次反射，给出了二面角反射器 RCS 计算公式；文献[40]、[41]将物理光学方法和等效电流方法应用于计算方形三面角反射器 RCS，物理光学方法用于计算三面体板的一次、二次和三次反射，而等效电流方法用于计算边缘的一阶衍射；文献[42]利用几何绕射理论代替几何光学来描述电磁波在面之间的相互作用，提出了一种改进的物理光学模型，用于计算具有完美导电面的三角形三面角反射器的场后向散射；文献[43]在物理光学和几何光学的基础上，给出了计算角反射器 RCS 的区域投影/物理光学方法；文献[44]通过建立精确的物理光学模型计算和分析了二面角反射器中有一个面按照抛物线定律变形的情况的电磁散射特性；文献[45]采用时域有限差分法对三角形角反射器的 RCS 进行了计算；文献[46]应用混合面元、快速投影理论实现海上单个角反射器 RCS 计算，然后结合散射中心合成算法对海面随机布放多角反射器群的整体 RCS 进行预估；文献[47]利用几何光学对入射波和反射波进行射线追迹以确定每次入射场及其相对应的照明区域，然后采用 Gordon 面元积分算法对每个照明区域求散射场并累加得到角反射器的 RCS；文献[48]建立了利用几何光学/区域投影方法进行 RCS 预估的通用流程，给出了计算不同入射方向下三角形三面角反射器 RCS 的完整表达式；文献[49]分析了平面电磁波对金属三面角反射器的散射，得到了三面角反射器散射的精确解；文献[50]从内存使用率、计算时间和单元数量方面，比较了时域有限差分法、矩量法、有限元法在计算二面角反射器和三面角反射器 RCS 时的性能。

1.3　水下声学角反射器概述

相比激光和雷达角反射器，水下声学角反射器的研究和应用报道较少。1960 年美国得克萨斯大学奥斯汀分校（University of Texas at Austin，UT- Austin）在美国海军研究办公室（Office of Naval Research，ONR）的资助下开展了不同材料制成的不同形状三面角反射器目标强度的实验研究，并分析了目标强度和频率的关系[51]；1975 年美国得克萨斯大学奥斯汀分校又对比分析了球体、球面透镜、角反射器等目标声学特性，得出了角反射器适用于进行水下标记、导航和跟踪的结论[52]；1983 年韩国釜山水产大学实验测量了铝板制成的角反射器在多个频率时的目标强度[53]；2001 年美国索纳泰克公司和波音公司把角反射器组成一个目标网格，测试了高频多波束侧视声呐的方位分辨率[54]。

近年来，国内哈尔滨工程大学和海军工程大学针对水下声学角反射器开展了较多的研究。

（1）哈尔滨工程大学在 2012 年根据水下潜艇目标回波特性，设计了多个角反射器空间组合的鱼雷靶标，其中角反射器反射面为空腔结构，多个角反射器安装在长度 15m 的水下航行器上，形成较大的目标强度和多亮点回波结构，通过中国船舶集团有限公司第七〇五研究所（昆明分部）实现后应用到了鱼雷测试，图 1.7 是实验室测试时的空气腔结构反射面三面角反射器和多个角反射器空间组合的鱼雷靶标中的空间布置图，其空腔结构的设计方法见文献[55]。为了理论计算角反射器这种存在多次散射的凹面目标声散射问题，提出了一种几何声学和物理声学相结合的声束弹跳方法，并以直角凹面圆锥体为例进行了计算和实验测量[56]。文献[57]、[58]较为系统地研究了水下声学角反射器的声散射特性：分析了二面角反射器，正方形、三角形和圆形三面角反射器的目标强度空间分布特性；角反射器回波亮点位置；反射面之间角度加工误差对目标强度的影响；弹性钢板反射面的角反射器回波特性；角反射器目标强度与声波频率的关系；提出了将角反射器作为海底声学标记物的概念，并在水池中开展了强海底混响干扰下角反射器标记物测量实验。2017 年，根据声波多次散射时声波照射区域的特点，针对三角形和圆形三面角反射器，分别提出了相应的散射声场快速预估方法[59-61]。2023 年，利用三面角反射器目标强度的空间分布特性，分别设计了一种实时调整姿态的悬浮式水下声学标准体[62]和一种水下沉底悬浮式声学标记体[63]；为了研制非金属角反射器，提出了空气夹层式柔性声反射结构[64]和空心玻璃微珠夹层式柔性声反射结构[65]。另外，设计和研制了阵列式角反射器，如图 1.8（a）所示，为阵列中一个直角扇形反射面角反射器进行水池中回波测试，应用于鹏城实验室某研究所图像声呐的性能测试；设计和研制了水平全向均匀目标强度的双层十字交叉组合二面角反射器[66]，如图 1.8（b）所示，应用于南京华东电子集团有限公司某探测声呐的性能测试；设计和研制了大尺度空腔结构反射面三面角反射器，如图 1.8（c）所示，作为标准体应用于中国船舶集团有限公司第七六〇研究所水下目标回波测试。

(a) 空气腔结构反射面三面角反射器

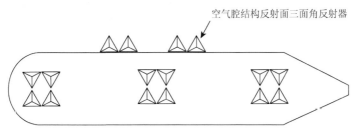

(b) 多个角反射器空间组合的鱼雷靶标布置示意图

图 1.7　空气腔结构反射面三面角反射器和多个角反射器空间组合的鱼雷靶标布置示意图

(a) 直角扇形反射面角反射器　　(b) 双层十字交叉组合二面角反射器　(c) 大尺度空腔结构反射面三面角反射器

图 1.8　直角扇形反射面角反射器、双层十字交叉组合二面角反射器和大尺度空腔结构反射面
三面角反射器

　　（2）海军工程大学在 2016 年提出了利用串联角反射器模拟潜艇声反射回波进行诱骗主动攻击水雷的方法[67]，并开展了关于反射器阵列排布方法的研究[68]。利用 Sysnoise 计算软件，陆续开展了弹性板反射面[69]、绝对硬反射面[70]、空腔结构反射面[71,72]、泡沫塑料夹层反射面[73]、存在角度加工误差时[74,75]角反射器的散射声场计算和特性分析。

第 2 章　散射声场计算的高频近似方法

散射是由于声波在介质中传播时，遇到物体表面和介质声学特性不连续时出现的一种物理现象。国内外学者对目标声散射场计算问题做了大量研究，提出了多种计算水下目标散射声场的方法，包括分离变量法、积分方程法、T矩阵法、时域有限差分法、边界元法、有限元法、Kirchhoff 近似方法等。其中，Kirchhoff 近似方法也称为物理声学方法，它是一种高频近似方法，本书所讨论的水下声学角反射器适用于高频情况，对于水下声学角反射器来说，所谓高频是指角反射器的尺寸远大于声波波长时的频率，因此可在 Kirchhoff 近似方法和对应数值计算的板块元方法的基础上进行散射声场的计算。

2.1　Helmholtz 公式

Helmholtz（亥姆霍兹）公式采用积分公式解的办法计算声场。已知空间某一封闭曲面 S 上速度势 Φ_S 和它的法向导数 $\left(\dfrac{\partial \Phi}{\partial n}\right)_S$ 的函数值,则空间任一点的速度势 Φ_M 可以根据已知函数 Φ_S 和 $\left(\dfrac{\partial \Phi}{\partial n}\right)_S$ 在面 S 上积分求出，因此 Helmholtz 公式是用声场边界函数值表示声场的积分形式解，并限于稳态单频波动情况[76]。

如图 2.1 所示，S 是声场中的闭曲面，S 内无声源，则在 S 内部的体积 V 中，理想流体介质中小振幅波的速度势 Φ 满足波动方程：

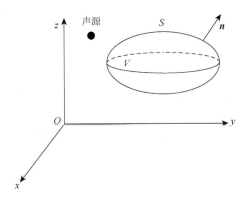

图 2.1　声源在封闭曲面 S 外

$$\nabla^2 \Phi - \frac{1}{c^2} \frac{\partial^2 \Phi}{\partial t^2} = 0 \tag{2.1}$$

对于稳态谐和波场,速度势为 $\Phi = \Phi(\boldsymbol{r}) \mathrm{e}^{\mathrm{j}\omega t}$,$\Phi(\boldsymbol{r})$ 是空间分布函数,满足 Helmholtz 方程:

$$\nabla^2 \Phi(\boldsymbol{r}) + k^2 \Phi(\boldsymbol{r}) = 0, \quad k = \frac{\omega}{c} \tag{2.2}$$

取辅助函数 $\Psi(\boldsymbol{r})$,令其也满足 Helmholtz 方程:

$$\nabla^2 \Psi(\boldsymbol{r}) + k^2 \Psi(\boldsymbol{r}) = 0, \quad k = \frac{\omega}{c} \tag{2.3}$$

函数 $\Phi(\boldsymbol{r})$、$\Psi(\boldsymbol{r})$ 在 V 中和 S 上都有一阶和二阶连续有界偏导数,根据奥斯特罗格拉特斯基-高斯公式,有

$$\iiint_V (\Phi(\boldsymbol{r}) \nabla^2 \Psi(\boldsymbol{r}) - \Psi(\boldsymbol{r}) \nabla^2 \Phi(\boldsymbol{r})) \mathrm{d}V = \iint_S \left(\Phi(\boldsymbol{r}) \frac{\partial \Psi(\boldsymbol{r})}{\partial \boldsymbol{n}} - \Psi(\boldsymbol{r}) \frac{\partial \Phi(\boldsymbol{r})}{\partial \boldsymbol{n}} \right) \mathrm{d}S \tag{2.4}$$

式中,$\dfrac{\partial}{\partial \boldsymbol{n}}$ 表示沿 S 面外法线方向的偏导数。

取辅助函数 $\Psi(\boldsymbol{r}) = \dfrac{\mathrm{e}^{\mathrm{j}kr}}{r}$,$r$ 是从空间一定点 o 算起的距离。当 o 点在 S 外部时,函数 $\Phi(\boldsymbol{r})$、$\Psi(\boldsymbol{r})$ 的奇异点均在 S 外,则有

$$\iint_S \left(\Phi(\boldsymbol{r}) \frac{\partial}{\partial \boldsymbol{n}} \left(\frac{\mathrm{e}^{\mathrm{j}kr}}{r} \right) - \frac{\mathrm{e}^{\mathrm{j}kr}}{r} \frac{\partial \Phi(\boldsymbol{r})}{\partial \boldsymbol{n}} \right) \mathrm{d}S = 0 \tag{2.5}$$

当 o 点在 S 内部时,o 点是函数 $\Psi(\boldsymbol{r})$ 的奇异点,此时用半径为 ε 的小球面 σ 把 o 点包起来,则在 S 和 σ 之间的区域内,函数 $\Psi(\boldsymbol{r})$ 无奇异点,因此式(2.5)中积分面 S 换成 $(S+\sigma)$ 后仍然成立,有

$$\iint_S \left(\Phi(\boldsymbol{r}) \frac{\partial}{\partial \boldsymbol{n}} \left(\frac{\mathrm{e}^{\mathrm{j}kr}}{r} \right) - \frac{\mathrm{e}^{\mathrm{j}kr}}{r} \frac{\partial \Phi(\boldsymbol{r})}{\partial \boldsymbol{n}} \right) \mathrm{d}S = -\iint_\sigma \left(\Phi(\boldsymbol{r}) \frac{\partial}{\partial \boldsymbol{n}} \left(\frac{\mathrm{e}^{\mathrm{j}kr}}{r} \right) - \frac{\mathrm{e}^{\mathrm{j}kr}}{r} \frac{\partial \Phi(\boldsymbol{r})}{\partial \boldsymbol{n}} \right) \mathrm{d}S \tag{2.6}$$

令小球面 σ 的半径 $\varepsilon \to 0$,进一步求解式(2.6)右侧积分,可得

$$\iint_S \left(\frac{\mathrm{e}^{\mathrm{j}kr}}{r} \frac{\partial \Phi(\boldsymbol{r})}{\partial \boldsymbol{n}} - \Phi(\boldsymbol{r}) \frac{\partial}{\partial \boldsymbol{n}} \left(\frac{\mathrm{e}^{\mathrm{j}kr}}{r} \right) \right) \mathrm{d}S = 4\pi \Phi_0 \tag{2.7}$$

式中,Φ_0 是 $r = 0$ 点的速度势函数值;$\dfrac{\partial}{\partial \boldsymbol{n}}$ 是 S 外法线方向的偏导数;r 是从 o 点算起到面元 $\mathrm{d}S$ 的距离。

如图 2.2 所示,当声源在封闭曲面 S 内时,在 S 外,速度势 $\Phi(\boldsymbol{r})$ 满足 Helmholtz 方程和无穷远条件。

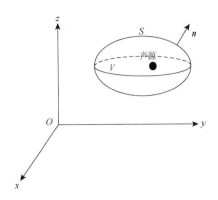

图 2.2　声源在封闭曲面 S 内

选取大球面 S'，S' 的半径为 R，S 包含在大球面 S' 内，S 和 S' 之间的区域为 V'。o 点在 V' 内时，有

$$\iint_S \left(\frac{\mathrm{e}^{\mathrm{j}kr}}{r} \frac{\partial \Phi(r)}{\partial \boldsymbol{n}} - \Phi(r) \frac{\partial}{\partial \boldsymbol{n}} \left(\frac{\mathrm{e}^{\mathrm{j}kr}}{r} \right) \right) \mathrm{d}S + \iint_{S'} \left(\frac{\mathrm{e}^{\mathrm{j}kr}}{r} \frac{\partial \Phi(r)}{\partial \boldsymbol{n}} - \Phi(r) \frac{\partial}{\partial \boldsymbol{n}} \left(\frac{\mathrm{e}^{\mathrm{j}kr}}{r} \right) \right) \mathrm{d}S = -4\pi \Phi_0$$

(2.8)

式中，导数 $\dfrac{\partial}{\partial \boldsymbol{n}}$ 取内法线方向，即指向 V' 内部。由于法向的取向改变，式（2.8）中右侧有一负号。

当 $R \to \infty$ 时，利用有限值条件和无穷远条件，式（2.8）中左侧第二项积分值为零。因此式（2.8）为

$$\iint_S \left(\frac{\mathrm{e}^{\mathrm{j}kr}}{r} \frac{\partial \Phi(r)}{\partial \boldsymbol{n}} - \Phi(r) \frac{\partial}{\partial \boldsymbol{n}} \left(\frac{\mathrm{e}^{\mathrm{j}kr}}{r} \right) \right) \mathrm{d}S = -4\pi \Phi_0 \qquad (2.9)$$

即当所有声源包含在封闭曲面 S 内时，S 面外一点的速度势 Φ_0 可以看作 S 面上次级元波在 o 点所得速度势叠加之和。

2.2　Kirchhoff 近似

Kirchhoff 近似又称物理声学方法，是一种工程上常用的理论计算方法，这种方法在物体表面取局部平面波近似，使积分方程变为普通的面积分。如图 2.3 所示的目标声散射示意图，此时 S 为散射体表面，Q 为声源位置，M 为接收点位置。

根据式（2.9），M 点散射声场速度势 $\Phi_0(\boldsymbol{r}_2)$ 为

$$\Phi_0(\boldsymbol{r}_2) = \frac{1}{4\pi} \iint_S \left(\Phi_S \frac{\partial}{\partial \boldsymbol{n}} \left(\frac{\mathrm{e}^{\mathrm{j}kr}}{r} \right) - \frac{\mathrm{e}^{\mathrm{j}kr}}{r} \left(\frac{\partial \Phi}{\partial \boldsymbol{n}} \right)_S \right) \mathrm{d}S \qquad (2.10)$$

式中，Φ_S 为目标表面 S 上的速度势；$-\left(\dfrac{\partial \Phi}{\partial \boldsymbol{n}} \right)_S$ 为目标表面 S 上的法向振速分布。

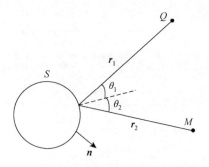

图 2.3　目标声散射示意图

Kirchhoff 近似是一种高频近似，忽略影区内面积对散射场的贡献，积分面是从 Q 和 M 点看去均处于亮区的部分表面 S_0。目标表面为刚性边界条件时：

$$\begin{cases} \Phi_S = \Phi_i \\ \dfrac{\partial(\Phi_S + \Phi_i)}{\partial \boldsymbol{n}} = 0 \end{cases} \tag{2.11}$$

式中，$\Phi_i = \dfrac{\mathrm{e}^{jkr_1}}{r_1}$ 是入射声波速度势。

可以得到远场散射速度势如下：

$$\Phi_0(r_2) = -\frac{jk}{4\pi} \iint_{S_0} \frac{\mathrm{e}^{jk(r_1+r_2)}}{r_1 r_2} (\cos\theta_1 + \cos\theta_2)\mathrm{d}S \tag{2.12}$$

收发合置情况时，$r_1 = r_2 = r$，$\theta_1 = \theta_2 = \theta$，远场散射速度势为

$$\Phi_0(r) = -\frac{jk}{2\pi} \iint_{S_0} \frac{\mathrm{e}^{j2kr}}{r^2} \cos\theta \mathrm{d}S \tag{2.13}$$

对于非刚性的局部阻抗表面[77]，式（2.11）的边界条件变为

$$\begin{cases} \Phi_S = V(\theta_1)\Phi_i \\ \dfrac{j\omega\rho(\Phi_S + \Phi_i)}{\partial(\Phi_S + \Phi_i)/\partial \boldsymbol{n}} = -Z_n \end{cases} \tag{2.14}$$

式中，$V(\theta_1)$ 为表面的局部平面波反射系数；Z_n 为表面声阻抗。

因此可得到非刚性局部阻抗表面收发分置时远场散射速度势为

$$\Phi_0(r_2) = -\frac{jk}{4\pi} \iint_{S_0} \frac{\mathrm{e}^{jk(r_1+r_2)}}{r_1 r_2} V(\theta_1)(\cos\theta_1 + \cos\theta_2)\mathrm{d}S \tag{2.15}$$

收发合置时 $\theta_1 = \theta_2 = \theta$，远场散射速度势为

$$\Phi_0(r) = -\frac{jk}{2\pi} \iint_{S_0} \frac{\mathrm{e}^{j2kr}}{r^2} V(\theta)\cos\theta \mathrm{d}S \tag{2.16}$$

由以上得到的 Kirchhoff 近似计算公式可以看出，计算散射场的关键就是求公式中的表面积分，而目标表面的形状决定了积分计算的困难程度。

2.3　板块元方法

当目标为规则简单形状时，例如，球形目标，Kirchhoff 近似可直接进行积分求解，或利用平稳相位法对积分进行近似求解。如果目标形状较为复杂，计算散射声场的 Kirchhoff 近似公式可以采用数值积分的方法进行。范军等把雷达中 RSC 计算的板块元方法引入目标散射声场计算领域[78-80]。板块元方法是一种以物理声学为基础的目标表面离散化的数值计算方法，其思想就是把目标表面用大量小的平面多边形（或称板块、面元）近似，通过求解每个平面多边形散射场，然后矢量求和，来近似表示整个目标的散射场。

对于式（2.12）的 Kirchhoff 近似公式，把积分表面 S_0 划分为 N 个小曲面 $\Delta s_n (n = 1, 2, \cdots, N)$，每一个小曲面 Δs_n 可以构造一个小平面多边形 $\Delta s_n'$，当 N 无穷大即小曲面面积无穷小时，可以认为 $\Delta s_n = \Delta s_n'$，所以有

$$\Phi_0(\boldsymbol{r}) = -\frac{jk}{4\pi} \sum_{n=1}^{N} \iint_{\Delta s_n'} \frac{\mathrm{e}^{jk(r_1+r_2)}}{r_1 r_2} (\cos\theta_1 + \cos\theta_2) \mathrm{d}S \tag{2.17}$$

当 $N \to \infty$ 时，有

$$\Phi_0(\boldsymbol{r}) = \lim_{N\to\infty} \sum_{n=1}^{N} [\Phi_0(\boldsymbol{r})]_n \tag{2.18}$$

式中

$$[\Phi_0(\boldsymbol{r})]_n = -\frac{jk}{4\pi} \iint_{\Delta s_n'} \frac{\mathrm{e}^{jk(r_1+r_2)}}{r_1 r_2} (\cos\theta_1 + \cos\theta_2) \mathrm{d}S \tag{2.19}$$

收发合置时：

$$[\Phi_0(\boldsymbol{r})]_n = -\frac{jk}{2\pi} \iint_{\Delta s_n'} \frac{\mathrm{e}^{j2kr}}{r^2} \cos\theta \mathrm{d}S \tag{2.20}$$

因此，板块元方法的关键就是求式（2.19）或式（2.20）中的二重积分。

建立板块元 $\Delta s_n'$ 的局部坐标系如图 2.4 所示，板块元所在平面为 xOy 平面。$\Delta s_n'$ 可以是任意多边形平面，图中为了表述方便给出的是三角形平面。

声源 Q 的坐标矢量为 $\boldsymbol{r}_q$，观察点 M 的坐标矢量为 $\boldsymbol{r}_m$，单位矢量 $\boldsymbol{r}_{q0}$ 和 $\boldsymbol{r}_{m0}$ 分别为

$$\boldsymbol{r}_{q0} = \frac{\boldsymbol{r}_q}{r_q} = \frac{\boldsymbol{r}_q}{|\boldsymbol{r}_q|} = u_{q0}\boldsymbol{i} + v_{q0}\boldsymbol{j} + w_{q0}\boldsymbol{k} \tag{2.21}$$

$$\boldsymbol{r}_{m0} = \frac{\boldsymbol{r}_m}{r_m} = \frac{\boldsymbol{r}_m}{|\boldsymbol{r}_m|} = u_{m0}\boldsymbol{i} + v_{m0}\boldsymbol{j} + w_{m0}\boldsymbol{k} \tag{2.22}$$

远场条件下，有以下近似：

$$r_1 = |\boldsymbol{r}_1| \approx r_q - \Delta r_q, \quad r_q = \boldsymbol{R} \cdot \boldsymbol{r}_{q0} \tag{2.23}$$

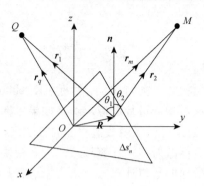

图 2.4　板块元局部坐标系

$$r_2 = |\,\boldsymbol{r}_2\,| \approx r_m - \Delta r_m, \quad \Delta r_m = \boldsymbol{R} \cdot \boldsymbol{r}_{m0} \tag{2.24}$$

$$\cos\theta_1 = \frac{\boldsymbol{r}_1}{r_1} \cdot \boldsymbol{n} \approx \boldsymbol{r}_{q0} \cdot \boldsymbol{n} = w_{q0} \tag{2.25}$$

$$\cos\theta_2 = \frac{\boldsymbol{r}_2}{r_2} \cdot \boldsymbol{n} \approx \boldsymbol{r}_{m0} \cdot \boldsymbol{n} = w_{m0} \tag{2.26}$$

将以上近似关系式代入式（2.19），可得板块元 $\Delta s_n'$ 的散射速度势为

$$[\varPhi_0(\boldsymbol{r})]_n = -\frac{\mathrm{j}k}{4\pi} \frac{\mathrm{e}^{\mathrm{j}k(r_q + r_m)}}{r_q r_m}(w_{q0} + w_{m0}) \iint_{\Delta s_n'} \mathrm{e}^{-\mathrm{j}k\boldsymbol{R}\cdot(\boldsymbol{r}_{q0} + \boldsymbol{r}_{m0})} \mathrm{d}S \tag{2.27}$$

式中，$\boldsymbol{R}$ 的 $\boldsymbol{k}$ 方向分量为零，因此 $(\boldsymbol{r}_{q0} + \boldsymbol{r}_{m0})$ 也只保留 $\boldsymbol{i}$ 和 $\boldsymbol{j}$ 方向分量：

$$\boldsymbol{r}_{q0} + \boldsymbol{r}_{m0} = (u_{q0} + u_{m0})\boldsymbol{i} + (v_{q0} + v_{m0})\boldsymbol{j} \tag{2.28}$$

令式（2.27）中积分部分为 S_m，并令 $\boldsymbol{T} = t_x\boldsymbol{i} + t_y\boldsymbol{j}$，$t_x = u_{q0} + u_{m0}$，$t_y = v_{q0} + v_{m0}$，有

$$S_m = \iint_{\Delta s_n'} \mathrm{e}^{-\mathrm{j}k\boldsymbol{R}\cdot\boldsymbol{T}} \mathrm{d}S = \iint_{\Delta s_n'} \mathrm{e}^{-\mathrm{j}k(t_x x + t_y y)} \mathrm{d}S \tag{2.29}$$

2.3.1　二维傅里叶变换积分算法一

式（2.29）中积分面积为平面多边形 $\Delta s_n'$，此式是平面多边形的二维傅里叶变换。对于如图 2.5 所示的平面多边形 E，定义其形状函数为

$$s(x,y) = \begin{cases} 1, & (x,y) \in E \\ 0, & \text{其他} \end{cases} \tag{2.30}$$

$s(x,y)$ 的二维傅里叶变换为

$$S(u,v) = \iint E\, s(x,y)\mathrm{e}^{-\mathrm{j}(ux+vy)} \mathrm{d}x\mathrm{d}y \tag{2.31}$$

对于矩形或圆形平面，$s(x,y)$ 可以分别用贝塞尔（Bessel）函数或 sinc 函数表示，对于多边形，文献[81]给出了具体的计算和公式推导。

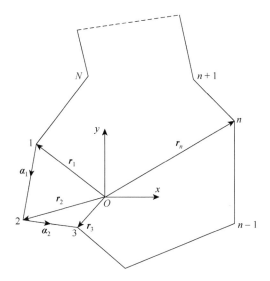

图 2.5　平面多边形 E

取平面多边形的法线方向 $\boldsymbol{n}$ 为 z 的正向，第 n 个顶点的位置矢量为

$$\boldsymbol{r}_n = x_n\boldsymbol{i} + y_n\boldsymbol{j} \tag{2.32}$$

令 $\boldsymbol{r}_0 = \boldsymbol{r}_n$，则第 n 个边的单位切矢量 $\boldsymbol{\alpha}_n$ 为

$$\boldsymbol{\alpha}_n = \frac{\boldsymbol{r}_{n+1} - \boldsymbol{r}_n}{|\boldsymbol{r}_{n+1} - \boldsymbol{r}_n|} \tag{2.33}$$

则第 n 个边的单位副法矢量 $\boldsymbol{\beta}_n$ 为

$$\boldsymbol{\beta}_n = \boldsymbol{n} \times \boldsymbol{\alpha}_n \tag{2.34}$$

图 2.5 中的平面多边形 E 由 N 个顶点限定，首先对 E 进行分解：

$$E = \sum_{n=1}^{N} E_n \tag{2.35}$$

再对 E_n 进行分解，如图 2.6 所示，分解为 B_1、B_2、B_3 三部分：

$$E_n = B_1 + B_2 - B_3 \tag{2.36}$$

单位矢量为 $\boldsymbol{i}$ 和 $\boldsymbol{j}$ 的坐标系中的坐标 (x, y) 与单位矢量为 $\boldsymbol{\alpha}_n$ 和 $\boldsymbol{\beta}_n$ 坐标系中坐标 (α, β) 的关系为

$$\boldsymbol{r} = x\boldsymbol{i} + y\boldsymbol{j} = \alpha\boldsymbol{\alpha}_n + \beta\boldsymbol{\beta}_n \tag{2.37}$$

令 $\boldsymbol{\omega} = u\boldsymbol{i} + v\boldsymbol{j}$，则有

$$\boldsymbol{\omega} \cdot \boldsymbol{r} = ux + vy = (\boldsymbol{\omega} \cdot \boldsymbol{\alpha}_n)\alpha + (\boldsymbol{\omega} \cdot \boldsymbol{\beta}_n)\beta \tag{2.38}$$

因此，式（2.31）中 $s(x, y) = E_n$ 时，有

$$S_n(u, v) = \iint_{E_n} \mathrm{e}^{-\mathrm{j}(ux+vy)}\mathrm{d}x\mathrm{d}y = \iint_{E_n} \mathrm{e}^{-\mathrm{j}((\boldsymbol{\omega}\cdot\boldsymbol{\alpha}_n)\alpha + (\boldsymbol{\omega}\cdot\boldsymbol{\beta}_n)\beta)}\mathrm{d}\alpha\mathrm{d}\beta \tag{2.39}$$

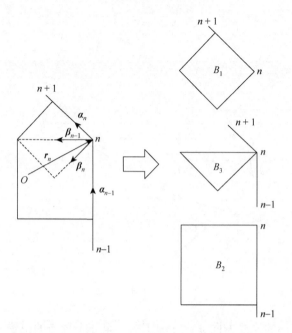

图 2.6　E_n 分解为 B_1、B_2 和 B_3

因为 E_n 分解为了 B_1、B_2、B_3 三部分，所以有

$$S_n(u,v) = \iint_{B_1} \mathrm{e}^{-\mathrm{j}(ux+vy)}\mathrm{d}x\mathrm{d}y + \iint_{B_2} \mathrm{e}^{-\mathrm{j}(ux+vy)}\mathrm{d}x\mathrm{d}y - \iint_{B_3} \mathrm{e}^{-\mathrm{j}(ux+vy)}\mathrm{d}x\mathrm{d}y \qquad （2.40）$$

式中

$$\iint_{B_1} \mathrm{e}^{-\mathrm{j}(ux+vy)}\mathrm{d}x\mathrm{d}y = \frac{-1}{(\boldsymbol{\omega}\cdot\boldsymbol{\alpha}_n)(\boldsymbol{\omega}\cdot\boldsymbol{\beta}_n)}\mathrm{e}^{-\mathrm{j}\boldsymbol{\omega}\cdot r_n}$$

$$\iint_{B_2} \mathrm{e}^{-\mathrm{j}(ux+vy)}\mathrm{d}x\mathrm{d}y = \frac{-1}{(\boldsymbol{\omega}\cdot\boldsymbol{\alpha}_{n-1})(\boldsymbol{\omega}\cdot\boldsymbol{\beta}_{n-1})}\mathrm{e}^{-\mathrm{j}\boldsymbol{\omega}\cdot r_n} \qquad （2.41）$$

$$\iint_{B_3} \mathrm{e}^{-\mathrm{j}(ux+vy)}\mathrm{d}x\mathrm{d}y = \frac{-(\boldsymbol{\alpha}_n\cdot\boldsymbol{\beta}_{n-1})}{(\boldsymbol{\omega}\cdot\boldsymbol{\alpha}_n)(\boldsymbol{\omega}\cdot\boldsymbol{\beta}_{n-1})}\mathrm{e}^{-\mathrm{j}\boldsymbol{\omega}\cdot r_n}$$

把式（2.41）代入式（2.40）进行化简后，得到平面多边形的二维傅里叶变换结果：

$$S(u,v) = -\sum_{n=1}^{N} \mathrm{e}^{-\mathrm{j}\boldsymbol{\omega}\cdot r_n}\left(\frac{\boldsymbol{\beta}_n\cdot\boldsymbol{\alpha}_{n-1}}{(\boldsymbol{\omega}\cdot\boldsymbol{\alpha}_n)(\boldsymbol{\omega}\cdot\boldsymbol{\alpha}_{n-1})}\right) \qquad （2.42）$$

2.3.2　二维傅里叶变换积分算法二

对平面多边形的积分区域进行分解，也可作局部坐标系的原点到平面多边形各边的正交投影。如图 2.7 所示，在顶点 n 的区域 E_n，将其分解为两部分 E_n^1 和 E_n^2，

并分别以 $(\boldsymbol{\alpha}_n,\ \boldsymbol{\beta}_n)$ 和 $(\boldsymbol{\alpha}_{n-1},\ \boldsymbol{\beta}_{n-1})$ 为单位矢量，以 O 为原点建立局部坐标系，如图 2.8 所示。

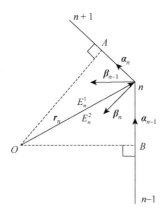

图 2.7　E_n 分解为 E_n^1 和 E_n^2

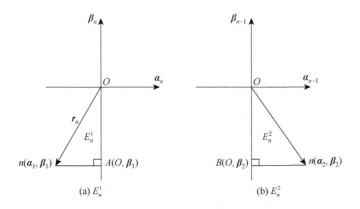

图 2.8　区域分解后的局部坐标系

坐标系 $(\boldsymbol{i},\ \boldsymbol{j})$、$(\boldsymbol{\alpha}_n,\boldsymbol{\beta}_n)$ 和 $(\boldsymbol{\alpha}_{n-1},\boldsymbol{\beta}_{n-1})$ 的原点相同，因此在三个坐标系中顶点 n 的坐标矢量 $\boldsymbol{r}_n$ 满足以下关系：

$$\boldsymbol{r}_n = x\boldsymbol{i} + y\boldsymbol{j} = \alpha_1\boldsymbol{\alpha}_n + \beta_1\boldsymbol{\beta}_n = \alpha_2\boldsymbol{\alpha}_{n-1} + \beta_2\boldsymbol{\beta}_{n-1} \tag{2.43}$$

进一步有

$$\begin{cases} \beta_1 = \boldsymbol{r}_n \cdot \boldsymbol{\beta}_{n-1} \\ \beta_2 = \boldsymbol{r}_n \cdot \boldsymbol{\beta}_n \end{cases} \tag{2.44}$$

对于 E_n^1 区域，由式（2.39）可得

$$\iint_{E_n^1} e^{-j((\omega \cdot \alpha_n)\alpha + (\omega \cdot \beta_n)\beta)} d\alpha d\beta = \int_{\beta_1}^{0} \int_{\frac{\alpha_1}{\beta_1}\alpha}^{0} e^{-j((\omega \cdot \alpha_n)\alpha + (\omega \cdot \beta_n)\beta)} d\alpha d\beta$$

$$= -\frac{r_n \cdot \beta_n}{(\omega \cdot \alpha_n)(\omega \cdot r_n)}(e^{-j\omega \cdot r_{n-1}} - 1) + \frac{1}{(\omega \cdot \alpha_n)(\omega \cdot \beta_n)}(e^{-j(\omega \cdot \beta_n)(r_n \cdot \beta_n)} - 1) \quad （2.45）$$

对于 E_n^2 区域，可得

$$\iint_{E_n^2} e^{-j((\omega \cdot \alpha_n)\alpha + (\omega \cdot \beta_n)\beta)} d\alpha d\beta = \int_{\beta_2}^{0} \int_{0}^{\frac{\alpha_2}{\beta_2}\beta} e^{-j((\omega \cdot \alpha_{n-1})\alpha + (\omega \cdot \beta_{n-1})\beta)} d\alpha d\beta$$

$$= -\frac{r_n \cdot \beta_{n-1}}{(\omega \cdot \alpha_{n-1})(\omega \cdot r_n)}(e^{-j\omega \cdot r_n} - 1) + \frac{1}{(\omega \cdot \alpha_{n-1})(\omega \cdot \beta_{n-1})}(e^{-j(\omega \cdot \beta_{n-1})(r_n \cdot \beta_{n-1})} - 1) \quad （2.46）$$

式（2.45）和式（2.46）相加后得到 E_n 区域的积分，然后将所有 E_n 相加后得到平面多边形的二维傅里叶变换结果：

$$S(u,v) = \sum_{n=1}^{N} \left(\left(\frac{r_n \cdot \beta_{n-1}}{\omega \cdot \alpha_{n-1}} - \frac{r_n \cdot \beta_n}{\omega \cdot \alpha_n} \right) \left(\frac{e^{-j\omega \cdot r_n} - 1}{\omega \cdot r_n} \right) + \left(\frac{e^{-j(\omega \cdot \beta_n)(r_n \cdot \beta_n)}}{(\omega \cdot \alpha_n)(\omega \cdot \beta_n)} - \frac{e^{-j(\omega \cdot \beta_{n-1})(r_n \cdot \beta_{n-1})}}{(\omega \cdot \alpha_{n-1})(\omega \cdot \beta_{n-1})} \right) \right)$$

$$（2.47）$$

2.3.3　Gordon 面元积分算法一

对于式（2.29）中的面积分，也可利用格林定理把面积分变换为线积分，然后对线积分分段求解，从而把积分问题化为简单的代数求和问题。Gordon 在 1975 年计算平板的电磁散射波时就使用了这种方法[82]，文献[58]、[83]中将其应用到了板块元积分计算。

根据格林定理：

$$\iint_{S} \left(\frac{\partial Q}{\partial x} + \frac{\partial P}{\partial y} \right) dxdy = \oint_{L} (Pdx + Qdy) \quad （2.48）$$

式中，L 是积分面 S 的边缘。因此式（2.29）可变换为

$$S_m = \iint_{\Delta s_n'} e^{-jkR \cdot T} dS = -\frac{j}{k\sqrt{t_x^2 + t_y^2}} \oint_{L_n} e^{-jkR \cdot T} [U \cdot R'(t)] dt \quad （2.49）$$

式中

$$U = \frac{t_y i - t_x j}{\sqrt{t_x^2 + t_y^2}}$$

$$R = xi + yj \quad R(t) = x(t)i + y(t)j \quad （2.50）$$

假设面元为 N 边形，第 n 个顶点的位置矢量为 b_n，令 $b_{N+1} = b_1$，$\Delta b_n = b_{n+1} - b_n$，第 n 条边上的点矢量为

$$R(t) = (1-t)b_n + tb_{n+1} \tag{2.51}$$

式中

$$\begin{cases} n = 1, 2, \cdots, N \\ t \in [0,1] \end{cases} \tag{2.52}$$

因此，式（2.49）中的线积分可变为

$$\oint_{L_n} e^{-jkR \cdot T} [U \cdot R'(t)] dt = \sum_{n=1}^{N} (U \cdot \Delta b_n) e^{-jkT \cdot \frac{b_{n+1}+b_n}{2}} \frac{\sin\left(-\frac{1}{2}kT \cdot \Delta b_n\right)}{-\frac{1}{2}kT \cdot \Delta b_n} \tag{2.53}$$

即有

$$S_m = -\frac{j}{k\sqrt{t_x^2 + t_y^2}} \sum_{n=1}^{N} (U \cdot \Delta b_n) e^{-jkT \cdot \frac{b_{n+1}+b_n}{2}} \frac{\sin\left(-\frac{1}{2}kT \cdot \Delta b_n\right)}{-\frac{1}{2}kT \cdot \Delta b_n} \tag{2.54}$$

2.3.4　Gordon 面元积分算法二

以上三种积分算法均需要建立板块元的局部坐标系，把板块元坐标信息从目标的全局坐标系转换到局部坐标系后进行计算，作为数值计算，这无疑将会增大计算量。文献[84]在计算目标电磁散射时，在全局坐标系下进行了 Gordon 面元积分，在此基础上可开展全局坐标系下水中目标声散射 Gordon 面元积分计算和分析。

如图 2.9 所示为全局坐标系中的一个平面多边形面元，其中，r_0 是面元上某一参考点的坐标矢量，a_n 是多边形第 n 个顶点的坐标矢量，第 n 条边的长度为 l_n，

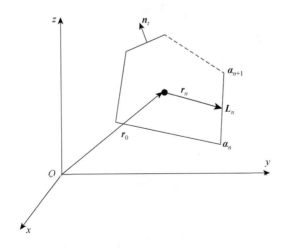

图 2.9　全局坐标系中的面元

方向为 l_n，$L_n = \alpha_{n+1} - \alpha_n = l_n l_n$，$r_n$ 是参考点到第 n 条边中点的矢量，n_t 是多边形边的外法向量。

将式（2.29）重新写为

$$S_m = \iint_{\Delta s'_n} \mathrm{e}^{-\mathrm{j}k\boldsymbol{T}\cdot\boldsymbol{R}}\mathrm{d}S \tag{2.55}$$

提取 r_0 点的相位因子，并令 $\boldsymbol{R}' = \boldsymbol{R} - \boldsymbol{r}_0$，有

$$S_m = \mathrm{e}^{-\mathrm{j}k\boldsymbol{T}\cdot\boldsymbol{r}_0}\iint_{\Delta s'_n} \mathrm{e}^{-\mathrm{j}k\boldsymbol{T}\cdot\boldsymbol{R}'}\mathrm{d}S \tag{2.56}$$

由于 $\boldsymbol{n}\cdot\boldsymbol{R}' = 0$，且 $(\boldsymbol{n}\times\boldsymbol{T})\times\boldsymbol{n} = \boldsymbol{n}\times(\boldsymbol{n}\times\boldsymbol{T}) = \boldsymbol{T}$，有

$$\iint_{\Delta s'_n} \mathrm{e}^{-\mathrm{j}k\boldsymbol{T}\cdot\boldsymbol{R}'}\mathrm{d}S = \iint_{\Delta s'_n} \mathrm{e}^{-\mathrm{j}k(\boldsymbol{n}\times\boldsymbol{T}\times\boldsymbol{n})\cdot\boldsymbol{R}'}\mathrm{d}S \tag{2.57}$$

把被积函数记为 f，即

$$f = \mathrm{e}^{-\mathrm{j}k(\boldsymbol{n}\times\boldsymbol{T}\times\boldsymbol{n})\cdot\boldsymbol{R}'} \tag{2.58}$$

可得

$$\nabla^2 f = (-\mathrm{j}k)^2(\boldsymbol{n}\times\boldsymbol{T}\times\boldsymbol{n})\cdot(\boldsymbol{n}\times\boldsymbol{T}\times\boldsymbol{n})f \tag{2.59}$$

式中，∇ 表示平面上的二维梯度。进一步，可得 f 用拉普拉斯算子表示的形式：

$$f = \frac{\nabla^2 f}{(-\mathrm{j}k)^2 |\boldsymbol{n}\times\boldsymbol{T}|^2} \tag{2.60}$$

将 f 代入积分表达式中，有

$$\iint_{\Delta s'_n} \mathrm{e}^{-\mathrm{j}k\boldsymbol{T}\cdot\boldsymbol{R}'}\mathrm{d}S = \frac{1}{(-\mathrm{j}k)^2 |\boldsymbol{n}\times\boldsymbol{T}|^2}\iint_{\Delta s'_n} \nabla^2 \mathrm{e}^{-\mathrm{j}k(\boldsymbol{n}\times\boldsymbol{T}\times\boldsymbol{n})\cdot\boldsymbol{R}'}\mathrm{d}S \tag{2.61}$$

把式（2.61）中的积分记为 S'，重新写为如下形式：

$$S' = \iint_{\Delta s'_n} \nabla\cdot\nabla\mathrm{e}^{-\mathrm{j}k(\boldsymbol{n}\times\boldsymbol{T}\times\boldsymbol{n})\cdot\boldsymbol{R}'}\mathrm{d}S \tag{2.62}$$

根据格林定理，有

$$S' = \oint_L \boldsymbol{n}_t\cdot\nabla\mathrm{e}^{-\mathrm{j}k(\boldsymbol{n}\times\boldsymbol{T}\times\boldsymbol{n})\cdot\boldsymbol{R}'}\mathrm{d}L = -\oint_L \boldsymbol{n}_t\cdot\mathrm{j}k(\boldsymbol{n}\times\boldsymbol{T}\times\boldsymbol{n})\mathrm{e}^{-\mathrm{j}k(\boldsymbol{n}\times\boldsymbol{T}\times\boldsymbol{n})\cdot\boldsymbol{R}'}\mathrm{d}L \tag{2.63}$$

平面多边形是由 N 条边组成的，式（2.63）中的线积分为每条边积分之后求和：

$$S' = -\sum_{n=1}^{N}\int_{\frac{l_n}{2}}^{\frac{l_n}{2}} \boldsymbol{n}_{tn}\cdot\mathrm{j}k(\boldsymbol{n}\times\boldsymbol{T}\times\boldsymbol{n})\mathrm{e}^{-\mathrm{j}k(\boldsymbol{n}\times\boldsymbol{T}\times\boldsymbol{n})\cdot\boldsymbol{R}'}\mathrm{d}l \tag{2.64}$$

式中，$\boldsymbol{n}_{tn}$ 是第 n 条边的外法向量。因为 $\boldsymbol{n}\times\boldsymbol{n}_{tn} = \boldsymbol{l}_n$，$(\boldsymbol{n}\times\boldsymbol{T}\times\boldsymbol{n})\cdot\boldsymbol{R}' = \boldsymbol{T}\cdot\boldsymbol{R}'$，所以有

$$S' = -\mathrm{j}k\sum_{n=1}^{N}(\boldsymbol{n}\times\boldsymbol{T})\cdot\boldsymbol{l}_n\int_{\frac{l_n}{2}}^{\frac{l_n}{2}} \mathrm{e}^{-\mathrm{j}k\boldsymbol{T}\cdot\boldsymbol{R}'}\mathrm{d}l \tag{2.65}$$

参考点到第 n 条边中点的矢量 $\boldsymbol{r}_n$ 为

$$\boldsymbol{r}_n = \frac{\boldsymbol{\alpha}_{n+1} + \boldsymbol{\alpha}_n}{2} - \boldsymbol{r}_0 \tag{2.66}$$

多边形边上的点 $\boldsymbol{R}'$ 为

$$\boldsymbol{R}' = \boldsymbol{r}_n + l\boldsymbol{l}_n \tag{2.67}$$

则式（2.65）中的积分为

$$\int_{-\frac{l_n}{2}}^{\frac{l_n}{2}} \mathrm{e}^{-\mathrm{j}k\boldsymbol{T}\cdot\boldsymbol{R}'} \mathrm{d}l = \mathrm{e}^{-\mathrm{j}k\boldsymbol{T}\cdot\boldsymbol{r}_n} \int_{-\frac{l_n}{2}}^{\frac{l_n}{2}} \mathrm{e}^{-\mathrm{j}kl\boldsymbol{T}\cdot\boldsymbol{l}_n} \mathrm{d}l = l_n \mathrm{e}^{-\mathrm{j}k\boldsymbol{T}\cdot\boldsymbol{r}_n} \frac{\sin\left(\dfrac{k\boldsymbol{T}\cdot\boldsymbol{L}_n}{2}\right)}{\dfrac{k\boldsymbol{T}\cdot\boldsymbol{L}_n}{2}} \tag{2.68}$$

最终可得

$$S_m = -\frac{1}{\mathrm{j}k\,|\,\boldsymbol{n}\times\boldsymbol{T}\,|^2} \sum_{n=1}^{N} (\boldsymbol{n}\times\boldsymbol{T})\cdot\boldsymbol{L}_n \mathrm{e}^{-\mathrm{j}k\boldsymbol{T}\cdot(\boldsymbol{r}_n+\boldsymbol{r}_0)} \frac{\sin\left(\dfrac{k\boldsymbol{T}\cdot\boldsymbol{L}_n}{2}\right)}{\dfrac{k\boldsymbol{T}\cdot\boldsymbol{L}_n}{2}} \tag{2.69}$$

2.3.5　数值计算方法的结果对比分析

以刚性球的目标强度（target strength，TS）计算为例对上述四种数值计算方法的结果进行对比分析。平面波入射到刚性球上散射声场精确解表达式为[85]

$$p_s = \sum_{m=0}^{\infty} -\mathrm{j}^m (2m+1) P_0 \frac{\dfrac{\mathrm{d}}{\mathrm{d}ka} j_m(ka)}{\dfrac{\mathrm{d}}{\mathrm{d}ka} h_m^{(1)}(ka)} P_m(\cos\theta) h_m^1(kr) \mathrm{e}^{\mathrm{j}\omega t} \tag{2.70}$$

式中，P_0 是入射声波声压幅度；a 是球的半径；θ 是散射声波与入射声波方向的夹角，只考虑目标回波时 $\theta = 180°$。

收发合置条件下，目标强度的定义是将某一方向上距离目标的声学中心 1m 处由目标返回的声强与远处声源的入射声波声强之比，取以 10 为底的对数后再乘以 10，其式为

$$\mathrm{TS} = 10\lg \frac{I_r}{I_i}\bigg|_{r=1} \tag{2.71}$$

式中，I_r 是距离目标的声学中心 1m 处的回波声强；I_i 是入射声波声强。根据速度势、声压与声强的关系，可得到数值计算方法和精确解方法刚性球的目标强度。

在高频条件下，利用菲涅耳半波带法可得刚性球的目标强度为

$$\mathrm{TS} = 10\lg\left(\frac{a^2}{4}\right) \tag{2.72}$$

目标强度定义中要求回波是在远场条件下的声波声强换算至等效声学中心 1m，一般以瑞利距离 d^2/λ 作为远场判据，d 是目标表面的最大线度，λ 是波长。接收点距离远大于瑞利距离时称为远场区，此时散射波声压与距离成反比下降。

令刚性球半径 $a = 0.5\text{m}$，计算频率 $100\sim20\text{kHz}$ 范围内的目标强度。在频率 20kHz 时散射声场的瑞利距离约为 13m，为了满足远场条件，在计算时取接收点距离 $r = 100\text{m}$。图 2.10 分别是采用精确解、菲涅耳半波带法和板块元方法（四种积分算法）计算得到的刚性球目标强度，其中图 2.10（b）是图 2.10（a）局部放大的结果。可以看出，四种积分算法的计算结果基本一致，其中两种二维傅里叶变换方法的结果完全相同，随着 ka 的增大，结果越来越趋向于精确解和菲涅耳半波带法的计算结果（-12.04dB）。

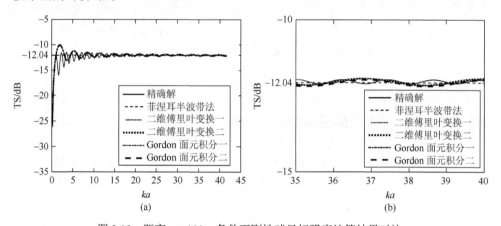

图 2.10　距离 $r = 100\text{m}$ 条件下刚性球目标强度计算结果对比

在水下目标回波测量时，特别是在实验室水池条件下，往往很难满足远大于瑞利距离的情况，此时测量势必会带来误差，计算不满足远大于瑞利距离条件下的目标强度可为误差分析提供理论依据。图 2.11～图 2.14 分别给出了接收点距离

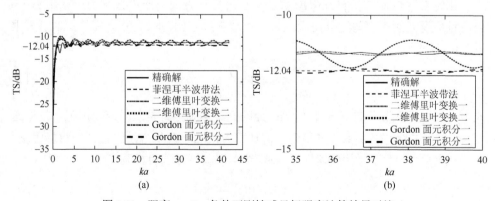

图 2.11　距离 $r = 5\text{m}$ 条件下刚性球目标强度计算结果对比

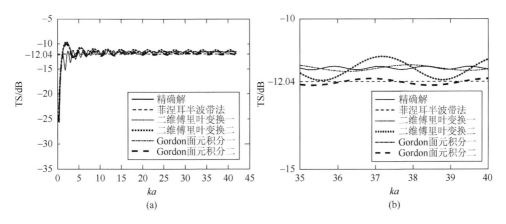

图 2.12　距离 $r=10\mathrm{m}$ 条件下刚性球目标强度计算结果对比

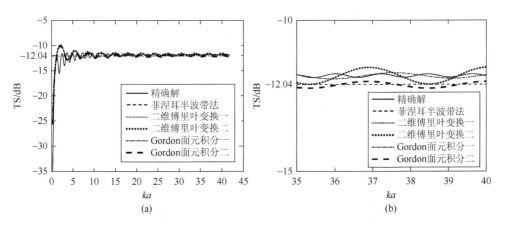

图 2.13　距离 $r=15\mathrm{m}$ 条件下刚性球目标强度计算结果对比

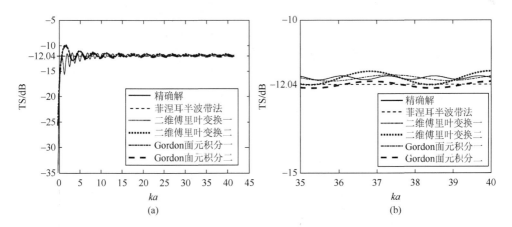

图 2.14　距离 $r=20\mathrm{m}$ 条件下刚性球目标强度计算结果对比

为 5m、10m、15m、20m 时的目标强度计算结果。两种二维傅里叶变换方法的计算结果随 ka 的变化存在较大的起伏，距离增大时起伏程度逐渐减小；Gordon 面元积分算法一在不同距离时与精确解结果均吻合较好；Gordon 面元积分算法二的结果在不同距离时基本不变，并与图 2.10 中的远场计算结果一致。

取 ka 大于 10 时的计算结果，用均方根误差 σ 表示数值计算结果相对于精确解的计算精度：

$$\sigma = \sqrt{\frac{\sum_{i=1}^{N}(\text{TS}_{i\text{数值解}} - \text{TS}_{i\text{精确解}})^2}{N}} \tag{2.73}$$

表 2.1 是不同距离时四种积分算法计算结果的均方根误差。Gordon 面元积分算法一的均方根误差最小且随距离变化最稳定，$r = 100\text{m}$ 时，四种方法结果一样。

表 2.1　四种积分算法计算结果的均方根误差　　　　（单位：dB）

积分算法	$r = 5\text{m}$	$r = 10\text{m}$	$r = 15\text{m}$	$r = 20\text{m}$	$r = 100\text{m}$
二维傅里叶变换一	0.55	0.33	0.27	0.24	0.21
二维傅里叶变换二	0.55	0.33	0.27	0.24	0.21
Gordon 面元积分一	0.16	0.19	0.19	0.20	0.21
Gordon 面元积分二	0.90	0.46	0.33	0.28	0.21

通过以上分析，在远场条件时，四种积分算法的结果基本一致；在不满足远场条件时，Gordon 面元积分算法一与精确解计算结果吻合最好。

2.4　本 章 小 结

本章介绍了散射声场计算的 Kirchhoff 近似方法和数值计算的板块元方法，并针对板块元计算时的四种积分算法进行了对比分析，虽然四种算法在远场时与精确解的计算结果基本一致，但在不满足远场条件时 Gordon 面元积分算法一的误差最小。在后续进行角反射器散射声场数值计算时，均采用 Gordon 面元积分算法一进行面元散射声场的计算。

第3章 声束弹跳方法

Kirchhoff 近似及其数值计算的板块元方法只能计算凸形物体的声散射，当物体形状存在凹面时，声波在物体上会存在多次散射，因此不能直接利用板块元方法计算凹面目标的散射声场。角反射器是一种典型的凹面目标，其回波的主要成分是声波在面上二次或三次散射返回到入射方向的声波，计算其散射声场时应采用声束弹跳方法[56]。

3.1 基 本 原 理

声束弹跳方法是以板块元方法为基础，同时借鉴了射线弹跳法中电磁波射线在目标上多次反射的思想，是一种几何声学和物理声学相结合的计算多次散射声场的数值计算方法。即把入射声波划分为若干声束，根据几何声学理论研究每条声束在目标表面的反射方向和能量损失，经过 N 次反射后，当第 N 次反射的声束不与目标表面相交时，再根据物理声学理论计算产生第 N 次反射声束的目标表面的散射场，把所有声束经过以上计算后的散射场的叠加近似作为整个目标的散射场。

如图 3.1 所示为声束在凹面上的一次反射（弹跳）的示意图。$Q(M)$点为声源和接收点位置（收发合置），声束 $Q{\to}ABC$ 是入射声波中的一条声束，由 QA、QB、QC 三条声线构成，分别与面 I 相交于点 A、B、C，经面 I 的反射，与面 II 相交于点 A'、B'、C'，声束 $ABC{\to}A'B'C'$即为声束 $Q{\to}ABC$ 的反射声束。然后用同样的方法计算声束 $ABC{\to}A'B'C'$在面 II 上的二次反射声束，如果二次反射声束仍然与面 I 相交，再次计算三次反射声束，依次类推直至声束不与反射面相交为止。这里假设声束 $ABC{\to}A'B'C'$在面 II 上的二次反射声束与反射面不相交，此时利用物理声学方法计算 $A'B'C'$所构造的板块元在接收点的散射场。如果声束 $ABC{\to}A'B'C'$（即一次反射声束）与反射面不相交，则直接利用板块元方法计算面元 ABC 在接收点的散射场。

声束弹跳方法首先是把入射声波划分为若干声束，但是为了计算上的方便，可以首先对目标模型进行面元划分，根据划分的面元确定入射声束。例如，图 3.1 中 ABC 为已知面元，声束 $Q{\to}ABC$ 可由面元的三个顶点确定。在对入射声波划分声束时，声束可以由三条声线构成，也可以由三条以上声线构成，鉴于板块元划分一般为三角形面元，因此在声束弹跳方法中声束均由三条声线构成。

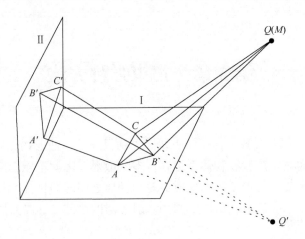

图 3.1　声束反射示意图

声束在目标表面的反射是构成声束的三条声线的反射，如图 3.2 所示是其中一条声线的反射示意图，其中图 3.2（a）是节点处声线反射立体图，图 3.2（b）是切面图，图中弯曲虚线是真实的散射体表面。k_i 是入射声线矢量，k_r 是反射声线矢量，n 是节点处的法向量。

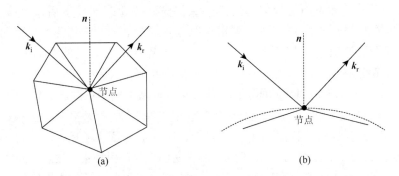

图 3.2　声线在目标表面反射

由斯涅尔（Snell）定律可得反射声线矢量为

$$k_r = k_i - 2n(k_i \cdot n) \tag{3.1}$$

节点处的法向量可以通过两种方法得到，一种方法是由反射面方程 $F(x, y, z) = 0$ 计算得到的，即

$$n = [F_x(x_0, y_0, z_0), F_y(x_0, y_0, z_0), F_z(x_0, y_0, z_0)] \tag{3.2}$$

式中，(x_0, y_0, z_0) 是节点坐标。

另一种方法是通过节点周围面元法向量取平均值近似计算得到的，即

$$n \approx \frac{1}{N}\sum_{i=1}^{N}n_i \tag{3.3}$$

式中，N 是节点周围面元的个数；n_i 是第 i 个面元的法向量。

如果声束经 $A'B'C'$ 面元反射后不再与目标表面相交，则利用板块元方法计算此面元的散射声场，此时的入射声波相当于从虚源 Q' 发射的声波，面元 $A'B'C'$ 散射声场的计算为收发分置情况。虚源位置坐标矢量 Q' 为

$$Q' = O - |Q| k_r \tag{3.4}$$

式中，O 为面元 ABC 中心点的坐标矢量。

当目标表面为非刚性的局部阻抗表面时，反射声束需要考虑表面的反射系数。由于面元足够小，声束足够细，可以认为整个面元的反射系数相等，反射系数的值近似等于面元所有顶点处反射系数的均值，或近似等于面元中心位置处的反射系数。

由于受到目标表面曲率的影响，声束反射后在传播过程中波阵面会发生扩展，在介质声吸收可以忽略的条件下，需要根据能量守恒定律计算声束的声波强度。

3.2　反射面元构建方法

相对于只计算一次声波散射的板块元方法，声束弹跳方法在考虑多次散射时利用了几何声学原理计算声波或声束在反射面之间的多次反射，判断反射声波或声束照射到的区域是算法实现过程中的关键步骤。如图 3.1 中反射面元 $A'B'C'$ 的构建可采用以下方法。

3.2.1　声束与目标表面交点构建法

对于规则即具有明确解析表达式的目标表面，当声束照射到目标表面时，分别计算构成声束的三条声线与目标表面的交点，所得的三个交点构成反射面元，称为声束与目标表面交点构建法（beam-surface intersection construction method，BSM）。如图 3.1 所示，如果面 II 为平面，平面的一般方程为

$$n \cdot P + D = 0 \tag{3.5}$$

式中，n 是平面的法向量；$P = \{x, y, z\}$ 是面上任意一点的向量，$x \in [x_1, x_2]$，$y \in [y_1, y_2]$，$z \in [z_1, z_2]$。

虚源 Q' 与面元 ABC 中的一个顶点连线，可得射线的参数方程为

$$R(t) = Q' + tE \tag{3.6}$$

式中，E 是射线的方向向量；t 是参数。

由式（3.5）和式（3.6）可求得 t 为

$$t = \frac{\boldsymbol{n} \cdot \boldsymbol{Q'} + D}{\boldsymbol{n} \cdot \boldsymbol{E}} \tag{3.7}$$

再将 t 代入式（3.6）得到平面上的交点坐标。依次可求得交点 A'、B'、C'，为了保证面元与平面的法向方向一致，需要进一步计算面元 $A'B'C'$的法向量，如果方向不一致，需要调整面元顶点编号顺序，如图 3.1 所示的反射面元应为 $A'B'C'$。

判断交点是否在反射面所在的区域，当三个交点均不属于反射面的区域时，不存在反射面元。当至少有一个交点不属于反射面的区域，即声束的一部分照射到了反射面时，如图 3.3 所示，近似认为不存在反射面元，这种近似会丢失部分亮区面积，引起目标强度的计算误差，可通过缩小划分面元面积的方法减小误差。

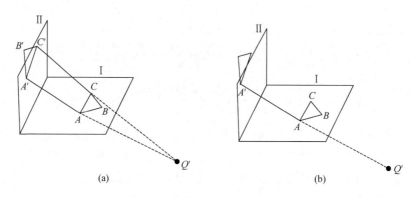

图 3.3　可舍去的反射面元示意图

3.2.2　声束与面元交点构建法

对于不规则目标，即没有明确解析表达式的目标表面，当声束照射到目标表面时，分别计算构成声束的三条声线与已进行面元划分的目标表面上所有面元的交点，所得的三个交点构成反射面元，如图 3.4 所示，称为声束与面元交点构建法（beam-panels intersection construction method，BPM）。

求声线与面元的交点，是空间射线与三角形相交问题，可采用 Möller 等[86]提出的算法。三角形面元的三个顶点分别为 V_1、V_2、V_3，矢量坐标分别为 $\boldsymbol{V_1}$、$\boldsymbol{V_2}$、$\boldsymbol{V_3}$，如图 3.5 所示。T 是三角形内任意一点，矢量坐标为 $\boldsymbol{T}$，其位置相当于从 V_1 开始沿 V_1V_2 移动一段距离后，再沿 V_1V_3 移动一段距离，移动的距离由参数 u 和 v 控制，当 $u+v=1$ 时，T 在 V_2V_3 边上。

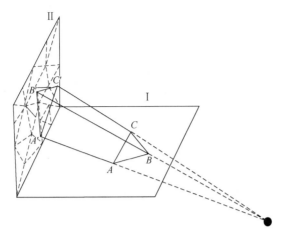

图 3.4　声束与面元交点示意图

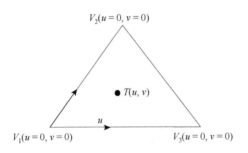

图 3.5　三角形面元

因此有

$$T - V_1 = v(V_2 - V_1) + u(V_3 - V_1) \tag{3.8}$$

则可得三角形面元的参数方程为

$$T(u,v) = (1-u-v)V_1 + uV_2 + vV_3 \tag{3.9}$$

其中(u,v)满足关系：$u \geqslant 0$，$v \geqslant 0$，$u+v \leqslant 1$。计算射线 $R(t)$ 与面元 $T(u,v)$ 的交点，即式（3.6）与式（3.9）相等，有

$$Q' + tE = (1-u-v)V_1 + uV_2 + vV_3 \tag{3.10}$$

整理后可写为

$$[-E,\ V_2 - V_1,\ V_3 - V_1]\begin{bmatrix} t \\ u \\ v \end{bmatrix} = Q' - V_1 \tag{3.11}$$

令 $E_1 = V_2 - V_1$，$E_2 = V_3 - V_1$，$O = Q' - V_1$，根据克拉默（Cramer）法则，有

$$\begin{bmatrix} t \\ u \\ v \end{bmatrix} = \frac{1}{\begin{vmatrix} -E & E_1 & E_2 \end{vmatrix}} \begin{bmatrix} \begin{vmatrix} O & E_1 & E_2 \end{vmatrix} \\ \begin{vmatrix} -E & O & E_2 \end{vmatrix} \\ \begin{vmatrix} -E & E_1 & O \end{vmatrix} \end{bmatrix} \tag{3.12}$$

再利用向量的混合积公式 $\begin{vmatrix} A & B & C \end{vmatrix} = (A \times B) \cdot C = -(A \times C) \cdot B = -(C \times B) \cdot A$，
式（3.12）可进一步写为

$$\begin{bmatrix} t \\ u \\ v \end{bmatrix} = \frac{1}{(E \times E_2) \cdot E_1} \begin{bmatrix} (O \times E_1) \cdot E_2 \\ (E \times E_2) \cdot O \\ (O \times E_1) \cdot E \end{bmatrix} \tag{3.13}$$

　　将式（3.13）的结果代入式（3.9）可得到射线与面元的交点。依次可求得三条声线的交点 A'、B'、C'，此时与 3.2.1 节中相同，仍需进行反射面元法向量的判断和调整，当至少有一条声线不存在交点时，需要作近似处理，舍去此声束照射的区域面积。另外，由于三角形面元作为目标表面的近似，此时得到的交点坐标并非实际目标表面上的交点，在进行下一次声束反射时，此交点处的三角形面元法向量也与实际目标表面的法向量存在误差，这些误差也可以通过缩小划分面元面积的方法进一步减小。

　　计算反射声束与目标面元的交点时，需要进行遍历搜索，即对组成声束的三条声线，每一条声线都需要与其他面元进行一次线面相交判断，从而找到交点。当面元数量较大时，遍历搜索将会非常耗时，此时可采用包围盒分割方法进行快速搜索。

　　根据目标尺度建立立方体形状的包围盒，包围盒完全包含目标，再把包围盒进行分割，形成若干子包围盒，如图 3.6 所示。同时对目标也进行相应的分割，子包围盒中包含有部分目标面元或不含目标面元。在进行声束与目标面元交点计算的遍历搜索时，先进行声束与子包围盒的交点计算，如果与子包围盒存在交点，则在此子包围盒所包含的面元中进行遍历搜索；如果与子包围盒不存在交点，则不计算此包围盒中声束与目标面元交点。

　　目标面元数量为 M，则一条反射声束与所有面元遍历搜索需要进行 $3M$ 次线面相交计算，严格来说不包含进行反射的面元应是 $3(M-1)$ 次，一般情况下 $M \gg 1$，这里近似为 $3M$ 次。如果包围盒分割为子包围盒的数量为 N，假设每个子包围盒中包含的面元数量相同，为 M/N，子包围盒包含 6 个矩

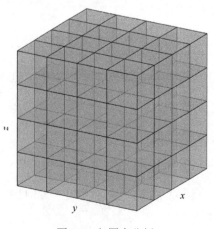

图 3.6　包围盒分割

形平面，每个矩形平面可分为 2 个三角形面，因此判断声束与子包围盒是否相交需要进行 36N 次线面相交计算，如果声束只与一个子包围盒存在交点，用线面相交计算次数 X 作为计算量估计值，此时一条反射声束的照射面元所需的线面相交计算次数 X 为

$$X = 36N + \frac{3M}{N} \tag{3.14}$$

令 M = 1000，图 3.7 为一条反射声束时，计算次数 X 随子包围盒的数量 N 增大时的变化曲线。在没有进行包围盒分割即 N = 1 时，是对所有面元进行的遍历搜索；随着子包围盒数量 N 增大，计算量急剧减小；N 增大到一定程度时，声束与子包围盒相交计算的计算量开始增大，整体的计算量随着 N 的增大逐渐增大。

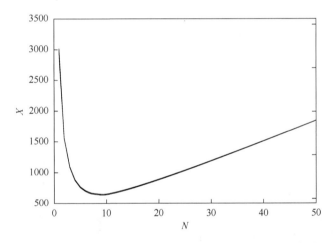

图 3.7　计算次数 X 随子包围盒的数量 N 增大时的变化曲线

提高算法实现的计算效率是在解决工程问题时特别关注的问题，可作为一个专门的问题进行研究，这里主要进行方法的讨论，对其他更多提高计算效率的算法不做过多叙述。

3.2.3　面元剪裁构建法

上述两种反射面元构建法均存在近似处理，反射声束照射到目标表面的一个区域，这个区域内可能包含一个面元的部分区域或几个面元的部分区域，严格来说反射面元应该是这些部分区域重新形成的面元。面元剪裁构建法是在原有剖分面元的基础上，根据反射声束照射区域重新构建新的面元的一种反射面元构建法。

如图 3.8（a）所示的 xyz 坐标系中，声源辐射的声波入射到面 1，反射声

束照射到面 2，图中箭头为面元顶点处的法向量方向。面元剪裁构建法的具体步骤如下：

（1）建立面 2 的局部坐标系 $x'y'z'$，使得面 2 在 $y'z'$ 平面上，进行坐标变换后的结果如图 3.8（b）所示；

（2）在局部坐标系中，根据面 1 顶点处的法向量和对应入射声线得到反射声线在 $x'y'$ 平面上的交点，形成反射声束照射面 2′，如图 3.8（c）所示；

（3）利用布尔运算，得到面 2 和面 2′的交集，交集形成的面元即为需要的反射面元，如图 3.8（d）所示；

（4）在局部坐标系中，计算得到反射面元每个顶点的法向量，如图 3.8（e）所示；

（5）再进行逆坐标变换，将面元从局部坐标系 $x'y'z'$ 变换至原坐标系 xyz 中，如图 3.8（f）所示。

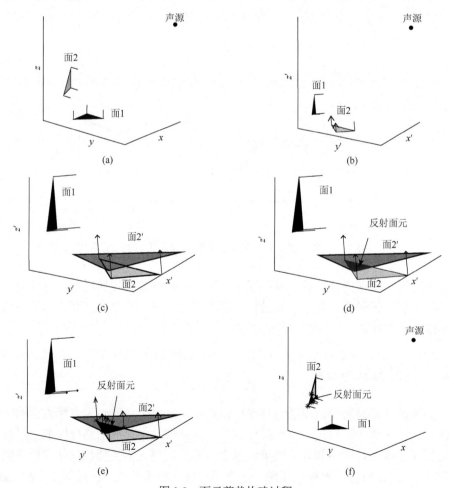

图 3.8　面元剪裁构建过程

　　面元剪裁构建法是进行坐标变换后在 $x'y'$ 平面上完成两个三角形面元求交集的运算，得到反射面元，因为布尔运算是一种严格的数值计算，如果在空间三维坐标中进行计算，数值截断产生的微小误差将导致两个三角形面不能在同一个平面，并无法进行布尔运算。将其变换到二维平面中，避免了截断误差导致的两个三角形面不同面的问题。

　　反射面元是在面 2 上重新构建的面元，是面 2 的一部分，当顶点不是面 2 原有的顶点时，顶点的法向量是面 2 上这个位置处的法向量，可通过面 2 三个顶点法向量插值拟合得到。反射面元顶点坐标位置通过布尔运算求得，利用式 (3.9) 可以得到面 2 三角形面元参数方程中的 (u,v)，再把式中的顶点坐标换为对应顶点的法向量 $\boldsymbol{n}_1$、$\boldsymbol{n}_2$、$\boldsymbol{n}_3$：

$$\boldsymbol{n}_T(u,v) = (1-u-v)\boldsymbol{n}_1 + u\boldsymbol{n}_2 + v\boldsymbol{n}_3 \qquad (3.15)$$

式中，$\boldsymbol{n}_T$ 是反射面元顶点的法向量。

　　如图 3.9 所示为三角形面元上一系列位置点处的法向量插值拟合结果。插值点为面元顶点时，与原顶点法向量相同；插值点在边上时，由边对应两个顶点法向量插值拟合得到；插值点在面内时，由三个顶点共同插值拟合得到。

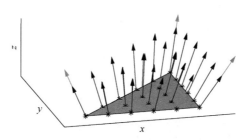

图 3.9　三角形面元上法向量插值拟合结果

3.3　直角圆锥凹面计算实例

　　以将直角圆锥凹面作为散射体为例计算其目标强度，如图 3.10 所示，声波在该凹面上会发生多次反射。设圆锥凹面的底半径和高均为 1m。

　　直角圆锥凹面的方程为

$$F(x,y,z) = x^2 + y^2 - z^2 = 0 \qquad (3.16)$$

式中，$x \in [0,1]$，$y \in [0,1]$，$z \in [0,1]$。面的法向量为 $\left\{ -\dfrac{\partial F}{\partial x}, -\dfrac{\partial F}{\partial y}, \dfrac{\partial F}{\partial z} \right\}$。

　　对曲面进行三角形面元即板块元剖分，结果如图 3.11 所示。根据每个板块的三个顶点把入射波划分为若干个声束，再利用声束弹跳方法计算每条声束产生的散射场。图 3.12 给出了计算一条声束在目标上散射时的程序流程图。

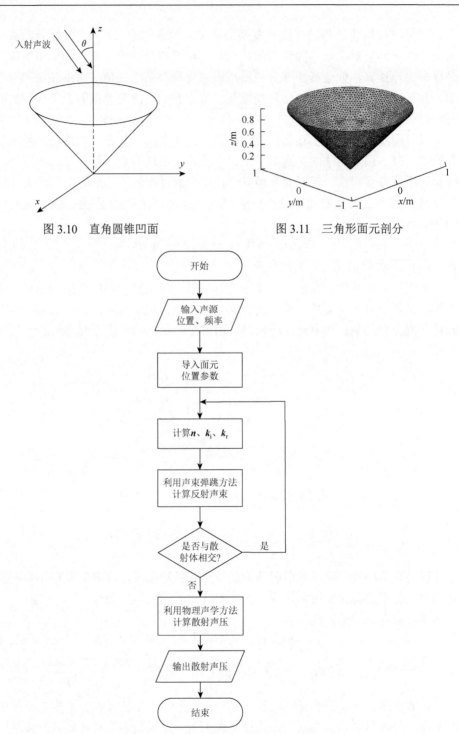

图 3.10　直角圆锥凹面　　　　图 3.11　三角形面元剖分

图 3.12　声束在目标上散射时的程序流程图

　　当反射声束与目标曲面不相交时，利用物理声学方法计算此反射声束对应面元的散射。当反射声束与目标曲面相交时，需要构建反射面元，图 3.13 和图 3.14 分别是利用 BSM 和 BPM 方法构建反射面元的结果，从图形上来看两种方法结果基本相同，其极小的差别在于面元节点的坐标位置不同，BSM 方法是目标表面上某一点的真实坐标位置，BPM 方法是目标表面平面三角形面元上某一点的坐标位置。由于两种方法在处理反射声束照射面元时忽略了没有完全照射到目标的反射声束，因此在边缘处存在面元缺失的现象，随着 θ 角的绝对值增大，面元缺失现象越来越明显。对于直角凹面圆锥体而言，在大角度时，这些缺失的面元其镜反射方向并不是入射声波方向，因此对于整个目标二次散射回波的贡献也可以忽略。

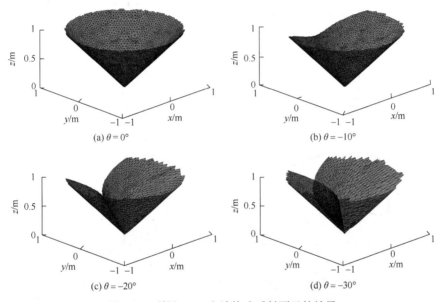

图 3.13　利用 BSM 方法构建反射面元的结果

　　下面通过目标强度的具体计算结果对两种反射面元构建方法进行对比，并分析反射面元近似处理的误差。令入射声波频率为 7.5kHz，剖分面元尺度为波长的 1/5（0.04m），图 3.15 为 $\theta \in [-45°, 45°]$ 时分别利用 BSM 方法和 BPM 方法构建反射面元的目标强度计算结果。图 3.16 为只包含一次反射和只包含二次反射时的目标强度计算结果。在 θ 为 $-45°$ 和 $45°$ 时是一次反射波占主要成分，在 $0°$ 附近时二次反射波占主要成分。在 $0°$ 时声波经过凹面的反射全部返回到入射方向，因此相当于半径 1m 的刚性圆面的反射，由公式 $\mathrm{TS} = 10\lg(A/\lambda)^2$，$A$ 为圆面面积，得到刚性圆面的目标强度为 23.922dB，图中的计算结果为 23.673dB 和 23.671dB。两种反射面元构建方法的计算结果误差极小，曲线基本重合，说明了通过 BSM 方法和 BPM 方法得到的反射面元位置误差可以忽略不计。

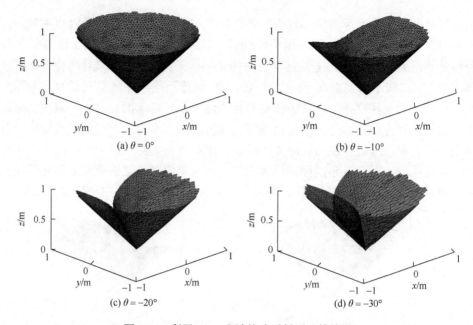

(a) $\theta = 0°$　　(b) $\theta = -10°$

(c) $\theta = -20°$　　(d) $\theta = -30°$

图 3.14　利用 BPM 方法构建反射面元的结果

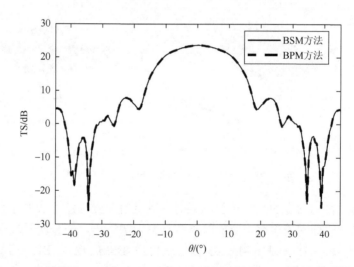

图 3.15　分别利用 BSM 方法和 BPM 方法构建反射面元的目标强度计算结果

图 3.17 给出了采用 BSM 方法计算不同面元尺度时的目标强度,其中面元尺度为波长 λ 的 1/5（0.04m）、1/8（0.025m）和 1/10（0.02m）。可以看出,在一次反射波和二次反射波占据主要成分的角度,不同面元尺度的计算结果基本一致;在两个角度之间的区域结果有一定差别,主要是由反射面元构建过程中近似处理引起的,面元越大,面元缺失的现象越严重,引起的计算误差越大。

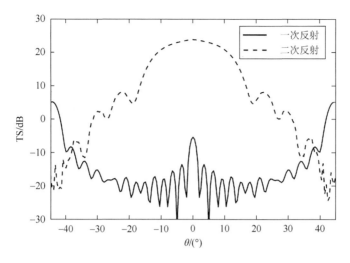

图 3.16　一次反射和二次反射的目标强度

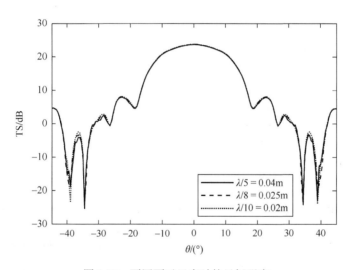

图 3.17　不同面元尺度时的目标强度

设计如图 3.18（a）所示的空气腔背衬的凹面圆锥模型，图 3.18（b）为实物图，模型为 304 钢壳体，壳体厚度为 2mm。测量时水平吊放圆柱体（即让凹面圆锥的平面垂直声波入射方向）于旋转装置，每隔 1°发射、接收一次信号，信号为频率 800kHz 的单频脉冲信号，脉冲长度 0.0375ms。令圆锥的凹面正对收发合置换能器方向为 0°，测量结果如图 3.19 所示。

测量结果表明凹面圆锥在 0°左右具有较强回波信号，且强回波的角度范围与声束弹跳方法的理论计算结果基本一致，证明了声束弹跳方法的正确性。

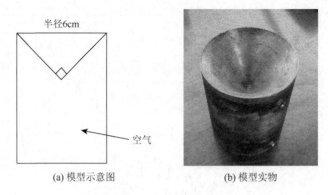

(a) 模型示意图　　　　　　　　(b) 模型实物

图 3.18　空气腔背衬的凹面圆锥模型及其实物图

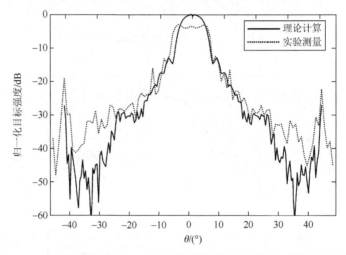

图 3.19　凹面圆锥散射体归一化目标强度实验测量结果与理论计算结果

　　直角圆锥凹面的反射面为凹面，在凹面上的反射波具有聚焦效应，即声线在面上反射后会向"焦点"处聚焦，然后再次发散。如果反射声束没到达焦点就与反射面相交，则此时反射面元相对于入射面元面积减小。这里由于反射面为圆锥凹面，不会出现反射面元为焦点的一个点元的情况。

3.4　双球体目标计算实例

　　当反射面为凸面时，反射声束将会是始终发散的情况，双球体目标的反射面为凸面，两球体之间形成会发生多次反射的凹形区域。如图 3.20 所示为空间两个球体目标，令球体的半径 r 均为 1m，两个球体中心距离为 L，声波以角度 θ 入射。

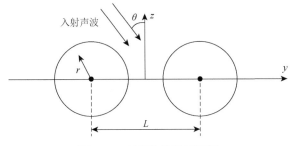

图 3.20　双球体目标示意图

对球体表面进行三角形面元即板块元剖分,结果如图 3.21 所示,其中 $L = 2m$。入射声波照射到球体上时,会存在影区,并且两个球体之间存在相互遮挡,因此对于双球体目标,在进行声束弹跳计算前,需要先进行遮挡判断,得到亮区面元。图 3.22 为双球体散射声场计算程序流程图。

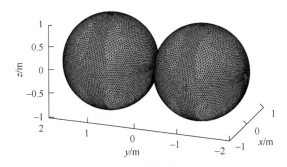

图 3.21　双球体面元剖分

图 3.23～图 3.26 是声波入射角度 θ 为 0°、–30°、–60°、–90°时的亮区面元和利用 BPM 方法构建的反射面元,亮区面元产生一次散射波,反射面元产生二次散射波。$\theta = 0$°时,两个球体不存在相互遮挡,球体之间均存在二次反射,且在两个球体上形成的反射面元区域相同;$\theta = -30$°、–60°时,存在明显的遮挡,此时形成的反射面元区域不同,其中一个球上在–60°时不存在反射面元;$\theta = -90$°时,一个球被另一个球完全遮挡,因此也不存在二次反射面元,此时只存在一个球的一次散射。

双球体目标的回波是在图 3.23～图 3.26 中亮区面元的一次反射波和反射面元的二次反射波的干涉叠加后形成的,取声波频率为 4kHz 和 7.5kHz,得到不同入射角度时的目标强度,如图 3.27 所示。只考虑一次反射时,两个球的回波为各自镜反射亮点处回波的叠加,在不同角度时,随着声程差的改变,目标强度呈现周期性的起伏变化。当回波中考虑了二次反射波时,二次反射波在某些角度与一次反射波同相、某些角度反相,使得原有的周期性起伏中有些角度目标强度增大,有些角度目标强度减小。

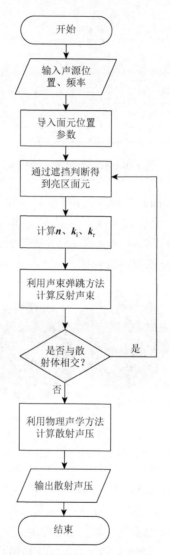

图 3.22　双球体散射声场计算程序流程图

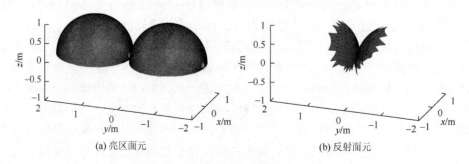

(a) 亮区面元　　　　　　　　　(b) 反射面元

图 3.23　$\theta = 0°$ 时的亮区面元和反射面元

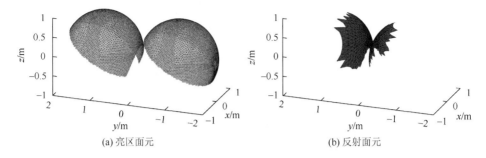

(a) 亮区面元 (b) 反射面元

图 3.24 $\theta = -30°$ 时的亮区面元和反射面元

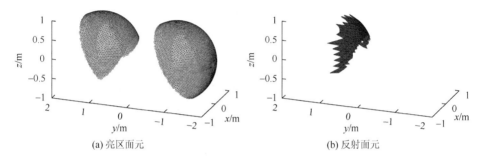

(a) 亮区面元 (b) 反射面元

图 3.25 $\theta = -60°$ 时的亮区面元和反射面元

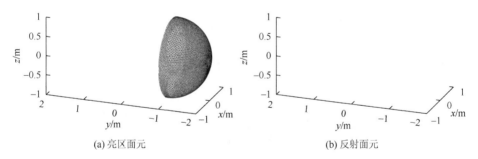

(a) 亮区面元 (b) 反射面元

图 3.26 $\theta = -90°$ 时的亮区面元和反射面元

以入射声波方向 $\theta = 0°$ 分析二次反射波与一次反射波的相位关系。根据几何声学的观点，在如图 3.28 所示的 45°球面上的入射声线经过反射后可以返回到入射声波方向，由图 3.28 中的几何关系可求得一次反射和二次反射声线的声程差为 $\Delta L = (4 - 2\sqrt{2})r$。当 $\Delta L = n\lambda$，$n = 1,2,3,\cdots$ 时，一次反射波与二次反射波同相；当 $\Delta L = (n + 1/2)\lambda$，$n = 1,2,3,\cdots$ 时，一次反射波与二次反射波反相。图 3.29（a）为 $\theta = 0°$、频率 4~8.5kHz 时一次反射波和二次反射波的相位差，图 3.29（b）为此时双球体的目标强度。由于一次反射波和二次反射波相位并不是在任何频率时都同相叠加，因此目标强度随频率变化而起伏。同理，当频率一定时，球体的半径不同，随着半径变化也会引起目标强度起伏。

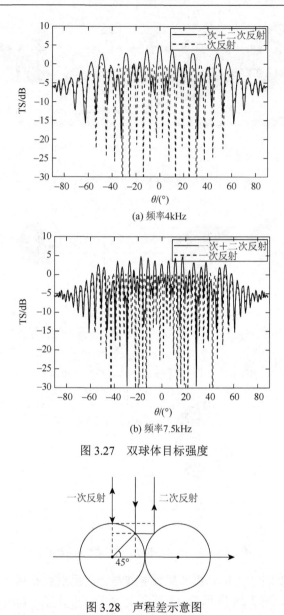

(a) 频率4kHz

(b) 频率7.5kHz

图 3.27　双球体目标强度

图 3.28　声程差示意图

　　在实验室水箱中测量双球体目标的回波，球体为轴承钢球体，半径 5cm，双球体分别用细线吊放，并调整至同一水平高度，如图 3.30 所示。在实验过程中以 1°间隔旋转角度，每旋转至一个角度，让双球体目标稳定大约 1min 后测量其回波。声源发射信号为频率 80kHz 的单频脉冲信号，目标强度测量结果如图 3.31 所示，与理论计算结果基本一致，具有较为明显的一次反射波和二次反射波干涉叠加的起伏结构。

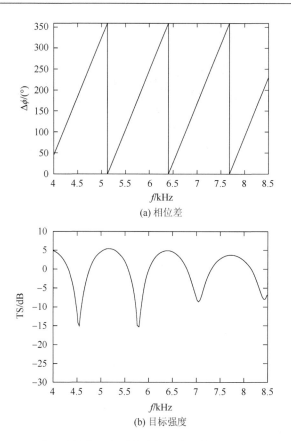

(a) 相位差

(b) 目标强度

图 3.29　$\theta = 0°$ 时双球体的一次反射波与二次反射波的相位差及目标强度

图 3.30　双球体实物

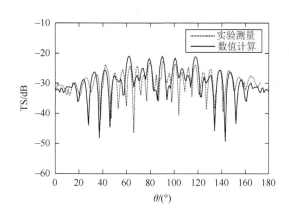

图 3.31　双球体目标强度测量结果

由图 3.28 可知，一次反射波和二次反射波存在声程差，改变声源发射信号为频率 350kHz 填充 5 个周期的单频脉冲信号，得到回波亮点结构如图 3.32 所示。

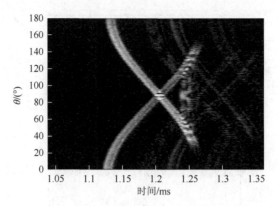

图 3.32　双球体回波亮点结构测量结果

从图 3.32 中可以看出，两条明显的亮线分别对应两个球体的镜反射回波，90°时两条线重合，此时在时间上延迟一段后有明显的多次散射回波形成的亮点，并且在 45°～135°范围内隐约地都会存在多次散射回波亮点。

3.5　本章小结

本章介绍了计算凹面目标散射声场的声束弹跳方法，作为一种计算多次散射声场的数值计算方法，构建反射面元是其中一个重要步骤，介绍了声束与目标表面交点构建法、声束与面元交点构建法和面元剪裁构建法，根据目标表面的特点和对计算结果误差的要求可采用不同的构建方法。以直角圆锥凹面和双球体目标为计算实例，利用声束弹跳方法计算和分析了多次散射声场特性，验证了该方法在计算不同类型反射面时的适用性。

第 4 章　二面角反射器

二面角反射器是由两个垂直的面组成的，当入射声波以垂直于两平面交线（棱边）方向入射时，经过面的反射后，在另外一个面上照射的区域是一个规则矩形，此时散射声场可以得到解析解计算公式；当声波不是以垂直于两平面交线方向入射时，反射声波照射区域是一个不规则的多边形，此时需要用到数值计算的方法求解散射声场。

4.1　理论计算方法

4.1.1　Knott 公式

Knott 在文献[39]中把二面角反射器的回波分解为一次反射波和二次反射波，给出了二面夹角可以是[0°, 180°]内任意角度的二面角反射器的散射截面公式。图 4.1 为二面角反射器剖面几何示意图，图中 $2\beta = 90°$时二次反射波才能返回到入射声波方向。

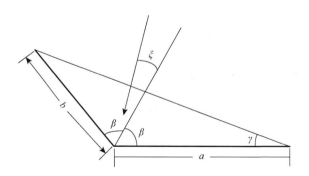

图 4.1　二面角反射器剖面几何示意图

图 4.1 中二面角反射器由两个矩形平面组成，平面的尺寸分别为 $a \times l$ 和 $b \times l$，l 为宽度，两个面的夹角为 2β，入射声波与角平分线的夹角为 ξ。二面角反射器散射截面公式为

$$\sigma = \frac{\lambda^2}{\pi} | S_a + S_b + S_{ab} + S_{ba} |^2 \tag{4.1}$$

式中

$$S_a = -\mathrm{j}ka(l/\lambda)\sin(\beta+\xi)\mathrm{e}^{-\mathrm{j}ka\cos(\beta+\xi)}\frac{\sin(ka\cos(\beta+\xi))}{ka\cos(\beta+\xi)} \quad (4.2)$$

$$S_b = -\mathrm{j}kb(l/\lambda)\sin(\beta-\xi)\mathrm{e}^{-\mathrm{j}kb\cos(\beta-\xi)}\frac{\sin(kb\cos(\beta-\xi))}{kb\cos(\beta-\xi)} \quad (4.3)$$

$$S_{ab} = -\mathrm{j}kb'(l/\lambda)\sin(3\beta+\xi)\mathrm{e}^{-\mathrm{j}kb'\cos 2\beta\cos(\beta+\xi)}\frac{\sin(kb'\cos 2\beta\cos(\beta+\xi))}{kb'\cos 2\beta\cos(\beta+\xi)} \quad (4.4)$$

$$S_{ba} = -\mathrm{j}ka'(l/\lambda)\sin(3\beta-\xi)\mathrm{e}^{-\mathrm{j}ka'\cos 2\beta\cos(\beta-\xi)}\frac{\sin(ka'\cos 2\beta\cos(\beta-\xi))}{ka'\cos 2\beta\cos(\beta-\xi)} \quad (4.5)$$

式中

$$a' = \begin{cases} 0, & \xi \leqslant -\alpha \\ a, & -\alpha < \xi < \gamma-\alpha \\ b\dfrac{\sin(\beta-\xi)}{\sin(3\beta-\xi)}, & \xi \geqslant \gamma-\alpha \end{cases} \quad (4.6)$$

$$b' = \begin{cases} a\dfrac{\sin(\beta+\xi)}{\sin(3\beta+\xi)}, & \xi \leqslant \gamma-\beta \\ b, & \gamma-\beta < \xi < \alpha \\ 0, & \xi \geqslant \alpha \end{cases} \quad (4.7)$$

$$\alpha = \pi - 3\beta \quad (4.8)$$

$$\tan\gamma = \frac{b\sin(2\beta)}{a-b\cos(2\beta)} \quad (4.9)$$

目标强度与散射截面的关系为[87]

$$TS = 10\lg\frac{\sigma}{4\pi} \quad (4.10)$$

4.1.2　Chen 公式

文献[58]中由矩形平板的散射，根据 Kirchhoff 近似公式（2.12）和板块元计算公式（2.27）推导了夹角为 90°的二面角反射器目标强度计算公式，在此基础上也可进一步得到夹角在[0°, 180°]范围内任意角度的二面角反射器的目标强度。

如图 4.2 所示位于 xOy 平面内的矩形平板，边长分别为 a 和 l，声源和接收点的位置分别为 Q 和 M。

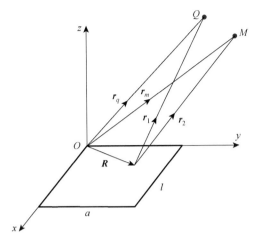

图 4.2　矩形平板声散射

由式（2.27）可知此矩形平板的散射速度势为

$$\Phi_s = -\frac{jk}{4\pi}\frac{e^{jk(r_q+r_m)}}{r_q r_m}(w_{q0}+w_{m0})\iint_s e^{-jk(t_x x+t_y y)}dS \qquad (4.11)$$

式中，各符号的含义见 2.3 节。令

$$S_s = \iint_s e^{-jk(t_x x+t_y y)}dS \qquad (4.12)$$

有

$$S_s = \int_0^1 e^{-jkt_x x}dx\int_0^a e^{-jkt_y y}dy \qquad (4.13)$$

进一步求解可得

$$S_s = \begin{cases} -\dfrac{1}{k^2 t_x t_y}(1-e^{-jkt_x l})(1-e^{-jkt_y a}), & t_x \neq 0; t_y \neq 0 \\[3mm] \dfrac{l}{jkt_y}(1-e^{-jkt_y a}), & t_x = 0; t_y \neq 0 \\[3mm] \dfrac{a}{jkt_x}(1-e^{-jkt_x l}), & t_x \neq 0; t_y = 0 \\[3mm] al, & t_x = 0; t_y = 0 \end{cases} \qquad (4.14)$$

如图 4.3 所示的由面 I 和面 II 组成的二面角反射器，面 I 位于 xOy 平面内，两个矩形平面的夹角为 2β，声源和接收点均位于夹角范围内的 yOz 平面上，在远场条件下可近似认为声波垂直于 x 轴方向入射。定义 r_q 与 z 轴的夹角为声波入射角度 θ。

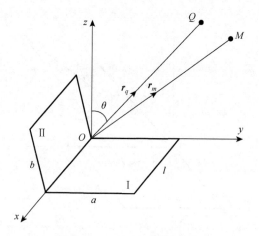

图 4.3　二面角反射器声散射

1. 面 I 的散射

显然，对于面 I，$S_\mathrm{I}=S_s$，面 I 的散射声场势函数为

$$\Phi_\mathrm{I}=-\frac{\mathrm{j}k}{4\pi}\frac{\mathrm{e}^{\mathrm{j}k(r_q+r_m)}}{r_q r_m}(w_{q0}+w_{m0})S_\mathrm{I} \tag{4.15}$$

2. 面 II 的散射

对于面 II 的分析，需要进行坐标绕 x 轴的坐标旋转，使旋转后的坐标 z' 轴与面 II 的边重合，如图 4.4 所示，定义旋转角度为 $\gamma=2\beta-\pi/2$。

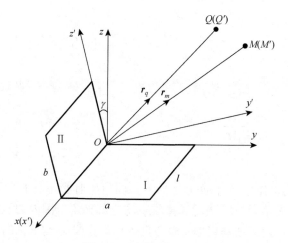

图 4.4　坐标旋转（一）

坐标变换矩阵为

$$A(\gamma) = \begin{bmatrix} 1 & 0 & 0 \\ 0 & \cos\gamma & \sin\gamma \\ 0 & -\sin\gamma & \cos\gamma \end{bmatrix} \tag{4.16}$$

在 $xy'z'$ 坐标系中，声源 Q' 的位置矢量为 $r_q' = u_q'\boldsymbol{i} + v_q'\boldsymbol{j} + w_q'\boldsymbol{k}$，接收点 M' 的位置矢量为 $r_m' = u_m'\boldsymbol{i} + v_m'\boldsymbol{j} + w_m'\boldsymbol{k}$，其中各分量为

$$\begin{bmatrix} u_q' \\ v_q' \\ w_q' \end{bmatrix} = A(\gamma) \begin{bmatrix} u_q \\ v_q \\ w_q \end{bmatrix} \tag{4.17}$$

$$\begin{bmatrix} u_m' \\ v_m' \\ w_m' \end{bmatrix} = A(\gamma) \begin{bmatrix} u_m \\ v_m \\ w_m \end{bmatrix} \tag{4.18}$$

对于面 II，有

$$S_{\text{II}} = \int_0^l \mathrm{e}^{-\mathrm{j}kt_x'x'}\mathrm{d}x'\int_0^b \mathrm{e}^{-\mathrm{j}kt_z'z'}\mathrm{d}z' \tag{4.19}$$

式中，$t_x' = u_{q0}' + u_{m0}'$；u_{q0}' 和 u_{m0}' 分别是 r_q' 和 r_m' 的单位矢量中 $\boldsymbol{i}$ 方向分量；$t_z' = w_{q0}' + w_{m0}'$，w_{q0}' 和 w_{m0}' 分别是 r_q' 和 r_m' 的单位矢量中 $\boldsymbol{k}$ 方向分量。进一步求解可得

$$S_{\text{II}} = \begin{cases} -\dfrac{1}{k^2 t_x' t_z'}(1 - \mathrm{e}^{-\mathrm{j}kt_x'l})(1 - \mathrm{e}^{-\mathrm{j}kt_z'b}), & t_x' \neq 0; t_z' \neq 0 \\[2mm] \dfrac{l}{\mathrm{j}kt_z'}(1 - \mathrm{e}^{-\mathrm{j}kt_z'b}), & t_x' = 0; t_z' \neq 0 \\[2mm] \dfrac{b}{\mathrm{j}kt_x'}(1 - \mathrm{e}^{-\mathrm{j}kt_x'l}), & t_x' \neq 0; t_z' = 0 \\[2mm] bl, & t_x' = 0; t_z' = 0 \end{cases} \tag{4.20}$$

面 II 的散射声场势函数为

$$\Phi_{\text{II}} = -\frac{\mathrm{j}k}{4\pi}\frac{\mathrm{e}^{\mathrm{j}k(r_q'+r_m')}}{r_q'r_m'}(w_{q0}' + w_{m0}')S_{\text{II}} \tag{4.21}$$

3. 面 I 的反射声波在面 II 上的散射

声波从声源 Q 到达面 I，经面 I 的反射后到达面 II，因此声波可以认为是从虚源 Q_{xu} 发出的声波直接到达面 II，如图 4.5 所示。

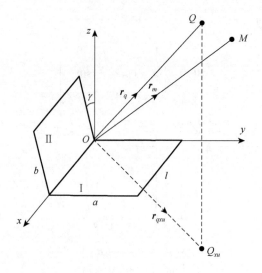

图 4.5　虚源 Q_{xu} 示意图（一）

虚源 Q_{xu} 的位置矢量为

$$r_{qxu} = u_{qxu}\boldsymbol{i} + v_{qxu}\boldsymbol{j} + w_{qxu}\boldsymbol{k} \tag{4.22}$$

单位矢量为

$$r_{qxu0} = \frac{r_{qxu}}{r_{qxu}} = u_{qxu0}\boldsymbol{i} + v_{qxu0}\boldsymbol{j} + w_{qxu0}\boldsymbol{k} \tag{4.23}$$

与图 4.4 相同，进行坐标绕 x 轴的坐标旋转，如图 4.6 所示。

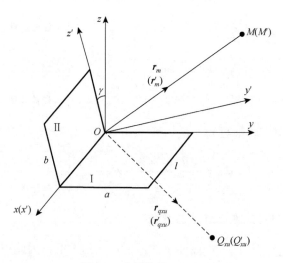

图 4.6　坐标旋转（二）

在 $x'y'z'$ 坐标系中，虚源 Q'_{xu} 的位置矢量为 $\boldsymbol{r}'_{qxu} = u'_{qxu}\boldsymbol{i} + v'_{qxu}\boldsymbol{j} + w'_{qxu}\boldsymbol{k}$，其中各分量的求解为式（4.24）；接收点 M' 的位置矢量为 $\boldsymbol{r}'_m = u'_m\boldsymbol{i} + v'_m\boldsymbol{j} + w'_m\boldsymbol{k}$，各分量的求解与式（4.18）相同。

$$
\begin{bmatrix} u'_{qxu} \\ v'_{qxu} \\ w'_{qxu} \end{bmatrix} = \boldsymbol{A}(\gamma) \begin{bmatrix} u_{qxu} \\ v_{qxu} \\ w_{qxu} \end{bmatrix} \tag{4.24}
$$

不同的声波入射方向，面 I 的反射声在面 II 上照射的区域不同，如图 4.7 所示，A 点坐标为 $(0,0,b)$，B 点坐标根据坐标旋转求得为 $(0, a\cos\gamma, -a\sin\gamma)$。

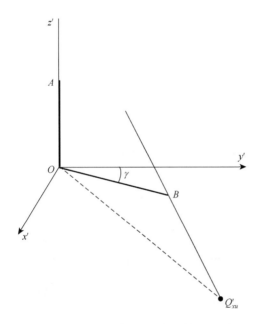

图 4.7　旋转坐标系下二面角反射器切面图

直线 BQ'_{xu} 与 z' 轴的交点为

$$
z'_{\text{II}} = \frac{(w'_{qxu} + a\sin\gamma)v'_{qxu}}{a\cos\gamma - v'_{qxu}} + w'_{qxu} \tag{4.25}
$$

当 $z'_{\text{II}} \geqslant b$ 时，反射声波照射区域全部包含了面 II，有

$$
S_{\text{I}\to\text{II}} = \int_0^1 \mathrm{e}^{-\mathrm{j}kt'_x x'}\mathrm{d}x' \int_0^b \mathrm{e}^{-\mathrm{j}kt'_z z'}\mathrm{d}z' \tag{4.26}
$$

式中，$t'_x = u'_{qxu0} + u'_{m0}$；$t'_z = w'_{qxu0} + w'_{m0}$。进一步求解可得

$$S_{\mathrm{I}\to\mathrm{II}} = \begin{cases} -\dfrac{1}{k^2 t_x' t_z'}(1-\mathrm{e}^{-jkt_x'l})(1-\mathrm{e}^{-jkt_z'b}), & t_x'\neq 0; t_z'\neq 0 \\[3mm] \dfrac{l}{jkt_z'}(1-\mathrm{e}^{-jkt_z'b}), & t_x'=0; t_z'\neq 0 \\[3mm] \dfrac{b}{jkt_x'}(1-\mathrm{e}^{-jkt_x'l}), & t_x'\neq 0; t_z'=0 \\[3mm] bl, & t_x'=0; t_z'=0 \end{cases} \tag{4.27}$$

当 $0\leqslant z_{\mathrm{II}}'<b$ 时，面 II 中只有部分区域被反射声波照射，有

$$S_{\mathrm{I}\to\mathrm{II}} = \int_0^1 \mathrm{e}^{-jkt_x'x'}\mathrm{d}x'\int_0^{z_{\mathrm{II}}'}\mathrm{e}^{-jkt_z'z'}\mathrm{d}z'$$

$$= \begin{cases} -\dfrac{1}{k^2 t_x' t_z'}(1-\mathrm{e}^{-jkt_x'l})(1-\mathrm{e}^{-jkt_z'z_{\mathrm{II}}'}), & t_x'\neq 0; t_z'\neq 0 \\[3mm] \dfrac{l}{jkt_z'}(1-\mathrm{e}^{-jkt_z'z_{\mathrm{II}}'}), & t_x'=0; t_z'\neq 0 \\[3mm] \dfrac{z_{\mathrm{II}}'}{jkt_x'}(1-\mathrm{e}^{-jkt_x'l}), & t_x'\neq 0; t_z'=0 \\[3mm] z_{\mathrm{II}}'l, & t_x'=0; t_z'=0 \end{cases} \tag{4.28}$$

面 I 的反射声波在面 II 上的散射声场势函数为

$$\varPhi_{\mathrm{I}\to\mathrm{II}} = -\frac{jk}{4\pi}\frac{\mathrm{e}^{jk(r_{qxu}'+r_m')}}{r_{qxu}'r_m'}(w_{qxu0}'+w_{m0}')S_{\mathrm{I}\to\mathrm{II}} \tag{4.29}$$

4. 面 II 的反射声波在面 I 上的散射

面 II 的反射声波相当于如图 4.8 所示的相对于面 II 的虚源 Q_{xu} 发射的声波。

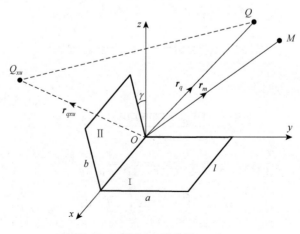

图 4.8 虚源 Q_{xu} 示意图（二）

与图 4.7 类似，不同的声波入射方向，面 II 的反射声波在面 I 上照射的区域不同，可求得

$$y_{\text{II}} = \frac{(b\cos(2\beta) - v_{xu})b\sin(2\beta)}{w_{xu} - b\sin(2\beta)} + b\cos(2\beta) \tag{4.30}$$

当 $y_{\text{II}} \geqslant a$ 时，反射声波照射区域全部包含了面 I，有

$$S_{\text{II}\to\text{I}} = \begin{cases} -\dfrac{1}{k^2 t_x t_y}(1 - \mathrm{e}^{-\mathrm{j}kt_x l})(1 - \mathrm{e}^{-\mathrm{j}kt_y a}), & t_x \neq 0; t_y \neq 0 \\[2mm] \dfrac{l}{\mathrm{j}kt_y}(1 - \mathrm{e}^{-\mathrm{j}kt_y a}), & t_x = 0; t_y \neq 0 \\[2mm] \dfrac{a}{\mathrm{j}kt_x}(1 - \mathrm{e}^{-\mathrm{j}kt_x l}), & t_x \neq 0; t_y = 0 \\[2mm] al, & t_x = 0; t_y = 0 \end{cases} \tag{4.31}$$

当 $0 \leqslant y_{\text{II}} < a$ 时，面 I 中只有部分区域被反射声波照射，有

$$S_{\text{II}\to\text{I}} = \begin{cases} -\dfrac{1}{k^2 t_x t_y}(1 - \mathrm{e}^{-\mathrm{j}kt_x l})(1 - \mathrm{e}^{-\mathrm{j}kt_y y_{\text{II}}}), & t_x \neq 0; t_y \neq 0 \\[2mm] \dfrac{l}{\mathrm{j}kt_y}(1 - \mathrm{e}^{-\mathrm{j}kt_y y_{\text{II}}}), & t_x = 0; t_y \neq 0 \\[2mm] \dfrac{y_{\text{II}}}{\mathrm{j}kt_x}(1 - \mathrm{e}^{-\mathrm{j}kt_x l}), & t_x \neq 0; t_y = 0 \\[2mm] y_{\text{II}}l, & t_x = 0; t_y = 0 \end{cases} \tag{4.32}$$

式（4.31）和式（4.32）中，$t_x = u_{qxu0} + u_{m0}$；$t_y = v_{qxu0} + v_{m0}$。

面 II 的反射声波在面 I 上的散射声场势函数为

$$\Phi_{\text{II}\to\text{I}} = -\frac{\mathrm{j}k}{4\pi} \frac{\mathrm{e}^{\mathrm{j}k(r_{qxu} + r_m)}}{r_{qxu} r_m}(w_{qxu0} + w_{m0})S_{\text{II}\to\text{I}} \tag{4.33}$$

整个二面角反射器散射声场势函数为

$$\Phi = \Phi_{\text{I}} + \Phi_{\text{II}} + \Phi_{\text{I}\to\text{II}} + \Phi_{\text{II}\to\text{I}} \tag{4.34}$$

收发合置情况时二面角反射器的目标强度为

$$\text{TS} = 20\lg(r^2 |\Phi|) \tag{4.35}$$

4.1.3 基于 Chen 公式的数值-解析计算方法

Knott 公式和 Chen 公式均是计算入射声波垂直两平面交线方向情况时的目标强度，Chen 公式相对于 Knott 公式更烦琐，但 Chen 公式是通过设定声源和接收点空间坐标位置进行的公式推导，当坐标位置不在 yOz 平面内时，可得到声波非

垂直入射时的目标强度。此时反射声波在另一个面上照射区域会出现不规则的多边形，而不是垂直入射时的矩形区域，因此需要采用数值计算方法求解照射区域，然后采用 2.3 节中板块元方法求解多边形区域的散射声场。

面 I 和面 II 的散射声场势函数直接采用式（4.15）和式（4.21）求解，如果面 I 和面 II 是不规则的多边形，则利用板块元方法得到其一次散射声场势函数。两个面之间的二次散射需要先求解反射声波照射区域。

1. 面 I 的反射声波在面 II 上的散射

对于面 I 的反射声波在面 II 上的散射问题，首先对图 4.6 进行坐标旋转，使面 II 在 $x'Oy'$ 平面，连接虚源与面 I 得到各条连线与 $x'Oy'$ 平面的交点，形成新的多边形面 I′，如图 4.9 所示，面 II 和面 I′ 的共同区域面III即是反射声波照射区域。

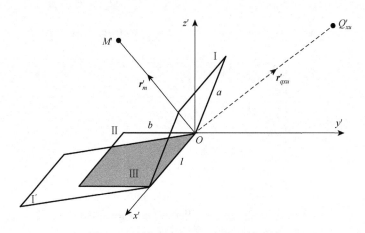

图 4.9　反射声波在面 II 上的照射区域

反射声波照射区域求解是两个多边形交集问题，在计算几何中有多种求解方法，最直观的实现步骤为：

（1）计算两个多边形每条边之间的交点；

（2）计算包含在多边形内部的点；

（3）将交点和多边形内部的点，按逆时针排序，得出最终的点集，每个点就是交集形成的多边形的顶点。

然后利用 2.3 节中板块元方法即可得到反射声波照射区域面III的散射声场势函数 $\varPhi_{\text{I}\rightarrow\text{II}}$。

2. 面 II 的反射声波在面 I 上的散射

对于面 II 的反射声波在面 I 上的散射，连接图 4.8 中虚源和面 II 得到各条连

线与 xOy 平面的交点，形成新的多边形面 II′，面 II 和面 I′ 的共同区域面III即反射声波照射区域，如图 4.10 所示。然后利用板块元方法得到反射声波照射区域面III的散射声场势函数 $\Phi_{\mathrm{II} \to \mathrm{I}}$。

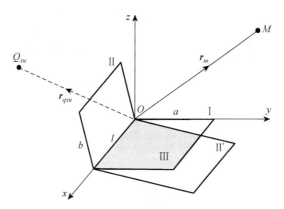

图 4.10　反射声波在面 I 上的照射区域

取二面角反射器的反射面为边长 1m 的正方形绝对硬平面，声波以垂直于两面交线方向入射，入射角度 θ 如图 4.3 所示，入射声波频率为 7.5kHz，图 4.11 为在远场条件下采用上述三种方法计算的目标强度，结果基本一致，误差约为 0.05dB。

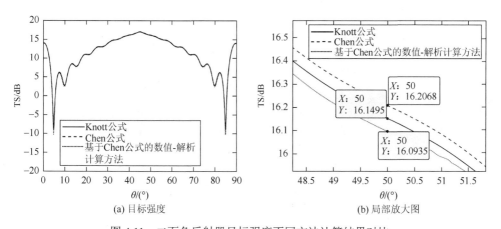

(a) 目标强度　　　　　　　　　　　(b) 局部放大图

图 4.11　二面角反射器目标强度不同方法计算结果对比

4.1.4　利用声束弹跳方法的数值计算

声束弹跳方法的计算过程见第 3 章。对二面角反射器的面元剖分结果如图 4.12（a）所示，由于反射面为规则平面，因此采用 BSM 方法构建二次反射面元，声波以某一角度入射时的二次反射面元构建结果如图 4.12（b）所示。

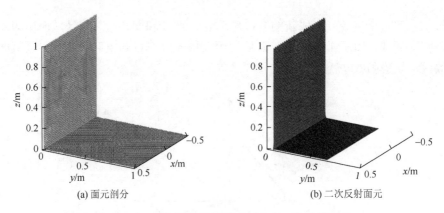

(a) 面元剖分　　　　　　　　　　　　　(b) 二次反射面元

图 4.12　二面角反射器的面元剖分和二次反射面元

入射声波频率取 7.5kHz，图 4.13 为不同面元尺度时二面角反射器目标强度计算结果，同时给出了基于 Chen 公式的数值-解析计算方法的计算结果。声束弹跳方法在二次面元构建过程中舍去了部分边缘区域，频率 7.5kHz、面元尺度为 λ/10 时目标强度计算结果相比基于 Chen 公式的数值-解析计算方法的计算结果降低了约 0.35dB。表 4.1 为声束弹跳方法相对于基于 Chen 公式的数值-解析计算方法计算二面角反射器目标强度的均方根误差。BSM 方法中缺失的反射面元区域与面元的尺度有关系，面元尺度越大，计算结果的误差越大。

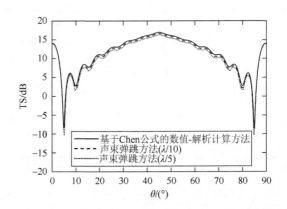

图 4.13　二面角反射器不同面元尺度时目标强度计算结果

表 4.1　声束弹跳方法相对于基于 Chen 公式的数值-解析计算方法计算
二面角反射器目标强度的均方根误差

f/kHz	均方根误差（λ/5）	均方根误差（λ/10）
7.5	0.87	0.42

　　基于 Chen 公式的数值-解析计算方法和声束弹跳方法是在空间三维坐标下建立的计算模型，可计算声波以非垂直于两面交线方向入射时的情况。为了对结果方便表述，建立如图 4.14 所示的坐标系，ϕ 为与 x 轴的夹角，图 4.15 为入射声波频率 7.5kHz、$\phi \in [60°,120°]$ 时目标强度计算结果。

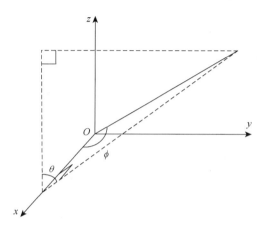

图 4.14　二面角反射器目标强度计算的坐标系

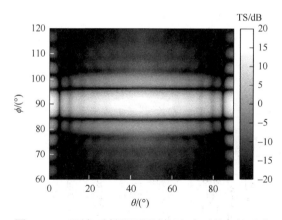

图 4.15　二面角反射器不同空间角度时的目标强度

　　综上，Knott 公式、Chen 公式和基于 Chen 公式的数值-解析计算方法属于解析或半解析方法，计算量小，其中 Knott 公式和 Chen 公式只能计算声波垂直于两面交线入射情况的二维平面内的目标强度，基于 Chen 公式的数值-解析计算方法可以计算任意角度入射时的三维空间内的目标强度。声束弹跳方法计算量大，也可以计算任意角度入射时的三维空间内的目标强度，当组成角反射器的面不是平面时，同样适用。在后续对二面角反射器目标回波特性分析时，针对不同的待分析问题采用合适的计算方法。

4.2　绝对硬边界二面角反射器回波特性

4.2.1　二次反射波亮点位置

在高频情况下，构成回波信号的各种成分，如镜反射波、棱角波和各种弹性散射波都可以等效成某个散射中心即亮点的回波。任何一个复杂目标都可以等效成若干个散射亮点的组合，每个散射亮点产生一个亮点回波，总的回波就是这些亮点回波相干叠加的结果。对于二面角反射器，声波在两个反射面上的二次散射波是回波的重要组成部分，二次反射波也可以等效成某个散射中心或亮点的回波。

当平面波入射到两面夹角为 90° 的二面角反射器时，声波的传播路径如图 4.16 所示，令图中二面角的顶点为 O，入射声波与面 I 的交点为 A，一次反射波与面 II 的交点为 B，图中虚线 AD 与入射声波垂直，OC 与 AD 垂直。

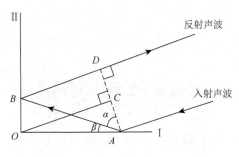

图 4.16　二次反射波声程

由图 4.16 中的几何关系可得

$$AB = \frac{AO}{\cos\beta} \tag{4.36}$$

$$BD = AB \cdot \sin\alpha = 2AO \cdot \cos\beta - \frac{AO}{\cos\beta} \tag{4.37}$$

$$CO = AO \cdot \sin(\beta + \alpha) = AO \cdot \cos\beta \tag{4.38}$$

有

$$AB + BD = 2CO \tag{4.39}$$

因此，入射声波在二面角反射器上二次反射波的声程，与入射声波从 C 点到达二面角的顶点后反射回来的声波声程相等，即二面角反射器的二次反射波亮点位置等效在二面角的顶点位置处，与面 I、面 II 相连接处的棱角波亮点重合。

4.2.2　目标强度

1. 二面角反射器声学中心

目标强度的定义中回波声强是某一方向上距离目标的声学中心 1m 处由目标返回的声强，目标的声学中心是处于目标本身以内或以外的一个虚构的点，从在某一距离上进行测量的角度来看，回声是由这一点发出的，以球面波的形式传播。如图 4.17 所示，目标声学中心处的声压为 p_0，距声学中心 r_1 处的声压为 p_1，距 r_2 处的声压为 p_2。

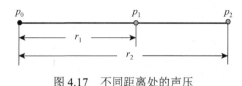

图 4.17　不同距离处的声压

球面波条件下，有以下关系：

$$\begin{cases} p_1 = \dfrac{p_0}{r_1} \\ p_2 = \dfrac{p_0}{r_2} \end{cases} \tag{4.40}$$

利用 Chen 公式计算得到某一声波入射角 θ 的散射声波势函数，由于是远场条件，由关系式 $p(r) = -\mathrm{j}\omega\rho\varPhi(r)$ 可得到接收点的声压。在图 4.3 中，令声源距原点的距离为 r_1，接收点的角度 θ 不变，距原点的距离为 r_2，接收到的声压为 p_{r_2}，当 $r_2 = r_1$ 时，$p_{r_2} = p_{r_1}$，得到如图 4.18（a）所示的 $p_{r_2} / p_{r_2=r_1}$ 与 r_2/r_1 的关系图，图 4.18（b）为图 4.17 中球面波 p_2/p_1 与 r_2/r_1 的关系图。二面角反射器回波传播规律与球面波一致，此时的回波主要是二次反射波，结合 4.2.1 节二次反射波亮点位置的分析，可知二面角反射器的声学中心为坐标原点即二面角的顶点。

2. 正方形反射面二面角反射器目标强度

目标强度与频率、目标尺度等有关，图 4.19（a）给出了正方形反射面即 $a = b = l = 1\mathrm{m}$ 时，二面角反射器目标强度的“ka-θ”图，k 是波数。可以看出，随着 ka 值的增加，二面角反射器目标强度也增大。图 4.19（b）是对每一个 ka 值的目标强度进行归一化后的结果，可以看出，在 $ka \gg 1$ 时，二次反射波所占据的角度范围区域一致，为了更清晰地表示，图 4.20 给出了 ka 分别为 15、30、50 和 100 时的目标强度曲线。

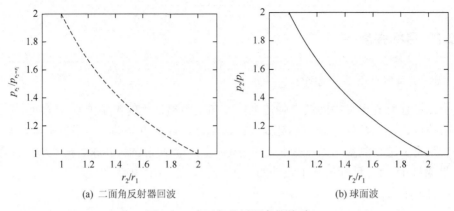

(a) 二面角反射器回波　　　　　　　　　　　(b) 球面波

图 4.18　声压与传播距离的关系

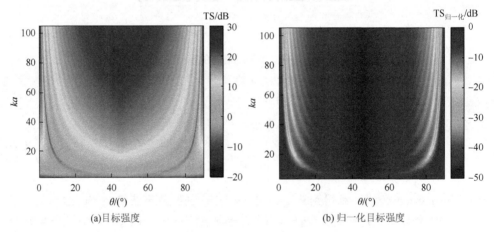

(a)目标强度　　　　　　　　　　　　(b) 归一化目标强度

图 4.19　正方形反射面二面角反射器目标强度的归一化目标强度的 "ka-θ" 图
（彩图扫封底二维码）

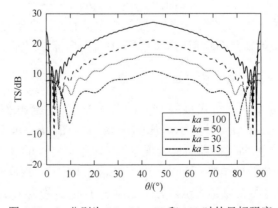

图 4.20　ka 分别为 15、30、50 和 100 时的目标强度

3. 长方形反射面二面角反射器目标强度

令 $a=b=1\mathrm{m}$，$l \neq a$，此时是由两个长方形反射面组成二面角反射器，图 4.21 为 $ka=30$ 时，不同 l/a 的目标强度 "$l/a\text{-}\theta$" 图，显而易见，随着 l/a 的增加，反射声波的面积增大，目标强度也增大。

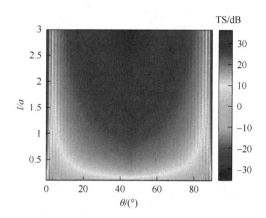

图 4.21　长方形反射面二面角反射器目标强度 "$l/a\text{-}\theta$" 图（彩图扫封底二维码）

不同的 l，二面角反射器的三维空间中的目标强度分布也不同。空间方位如图 4.14 所示，图 4.22 给出了在 $\phi \in [60°,120°]$、$\theta \in [0°,90°]$ 范围内，l/a 分别为 0.5、1、2 和 4 时的目标强度计算结果，可以看出随着 l/a 值的增加，在角度 ϕ 范围内的强回波占据的角度越来越窄，并且随着角度 ϕ 变化，声场的干涉变化也更剧烈。

4. 非对称反射面二面角反射器目标强度

令 $a \neq b$，$a=l=1\mathrm{m}$，此时是由两个面积不相同的矩形反射面组成的二面角反射器。图 4.23（a）为 $ka=30$，不同 b（即 l/b）时的目标强度 "$l/b\text{-}\theta$" 图，图 4.23（b）是 l/b 分别为 0.1、1 和 2 时的目标强度曲线。可以看出，由于两个反射面的大小不同，目标强度在 $\theta=45°$ 两侧呈现出了非对称分布。

4.2.3　回波相位

图 4.24 给出了正方形反射面即 $a=b=l$ 时二面角反射器回波相位的 "$ka\text{-}\theta$" 图，其中对每一个 ka 值的回波相位进行归一化处理。可以看出在 $\theta=45°$ 左右，一定范围内相位基本一致，但越接近 0° 和 90° 时，相位越有明显的起伏。

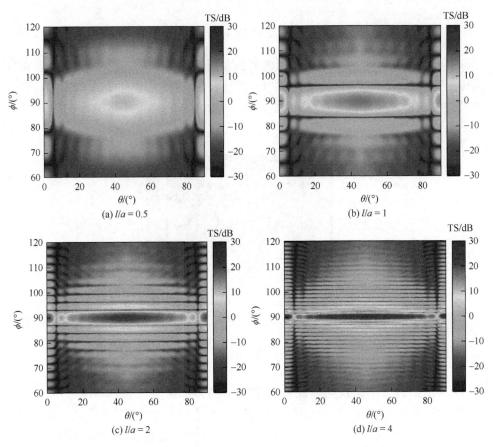

图 4.22　l/a 分别为 0.5、1、2 和 4 时的目标强度 "$\phi\text{-}\theta$" 图（彩图扫封底二维码）

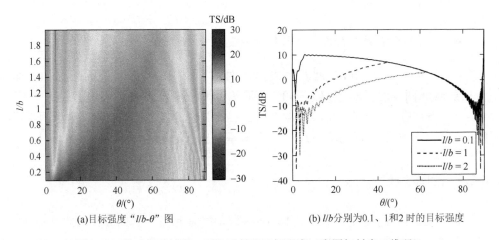

图 4.23　非对称反射面二面角反射器目标强度（彩图扫封底二维码）

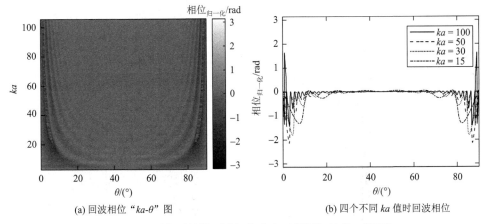

(a) 回波相位 "ka-θ" 图

(b) 四个不同 ka 值时回波相位

图 4.24　二面角反射器回波相位分布（彩图扫封底二维码）

由图 4.16 可知，声波在二面角反射器上的二次反射波声程与顶点处回波声程相等，因此二次反射波在不同的角度时没有相位差，图 4.24 中二面角反射器回波相位存在相位差是由两个反射面的一次反射波产生的。图 4.25 是二面角反射器

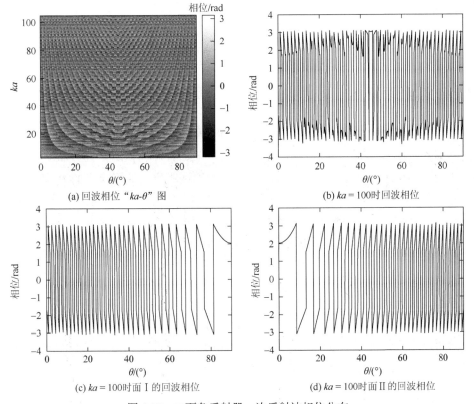

(a) 回波相位 "ka-θ" 图

(b) $ka = 100$时回波相位

(c) $ka = 100$时面 I 的回波相位

(d) $ka = 100$时面 II 的回波相位

图 4.25　二面角反射器一次反射波相位分布

一次反射波的相位分布，每个反射面在不同声波入射角度时的回波相位是一个振荡起伏的分布，两个反射面回波叠加的相位也是一个振荡起伏的分布。对应的一次反射波目标强度会形成如图 4.26（a）所示的条纹状分布，二次反射波之间没有相位差，只有如图 4.26（b）所示的强弱分布，越趋向于 45°角度范围内，二次反射波对总体回波的贡献越大，一次反射波的影响越小，两者之比足够大时，一次反射波的相位变化将得不到体现。

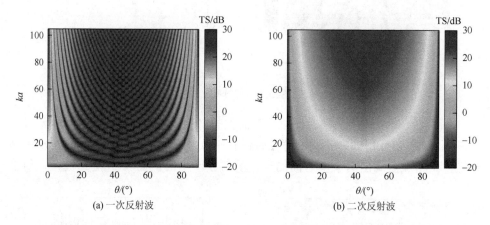

(a) 一次反射波　　　　　　　　　　　　　　　　(b) 二次反射波

图 4.26　二面角反射器一次和二次反射波目标强度（彩图扫封底二维码）

4.2.4　瑞利距离

在上述计算中是通过计算远场条件下的散射声场得到目标强度的，文献[76]在讨论圆面活塞辐射器的辐射声场时，给出了远场条件为 $r \gg d^2 / \lambda$，其中 d 为辐射器表面的最大线度，并定义了 $R_e = d^2 / \lambda$ 为瑞利距离，这里定义的 R_e 是一个近似估计。文献[88]中定义 $R_e = S / \lambda$ 为瑞利长度（Rayleigh length），S 为辐射面的面积。文献[89]中把辐射声压幅度随距离增大出现的最后一个极大值位置称为近远场临界距离。上述三种表述虽然具体的定义不同，但表示的含义一致，都是表示辐射声场从近场过渡到远场的分界线。本书中沿用瑞利距离的表述。

小于瑞利距离的区域为近场区，近场区声场存在复杂的干涉现象；瑞利距离附近的区域为过渡区，过渡区声场的声压随距离增大具有单调减小的规律，但并不是球面波传播规律；远大于瑞利距离的区域为远场区，远场区声场的声压近似为球面波规律传播。散射声场相当于目标表面的二次声辐射，也同样存在远近场的问题。当测量条件不满足远大于瑞利距离的条件，在过渡区进行声场测量时，测量结果需要根据理论计算进行修正。

通过 2.3 节的分析结果，板块元方法在理论推导过程中进行的一系列近似是在声源或接收点的距离远大于板块元尺度的条件下得到的，板块元尺度要远小于目标尺度，因此距离远大于板块元尺度的区域对于目标来说是近场区，但对于板块元来说是远场区。在目标近场区的声场，是所有板块元散射声场的干涉叠加得到的，所以板块元方法适用于分析目标近场区的散射声场。根据 2.3.5 小节的对比计算，对于近场区或过渡区散射声场，在板块元计算时应采用 Gordon 面元积分算法一。

1. 刚性圆面

如图 4.27 所示，平面声波垂直入射到刚性圆面上，分别通过解析公式和数值计算得到 z 轴上的声压分布特性。

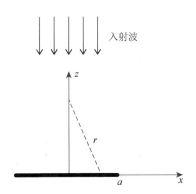

图 4.27　平面声波垂直入射到刚性圆面目标

入射平面波势函数为

$$\Phi_{i} = \Phi_{0} e^{j(\omega t + kz)} \tag{4.41}$$

圆面为绝对硬表面，边界条件为

$$u_{s}\big|_{z=0} = -u_{i}\big|_{z=0} = \frac{\partial \Phi_{i}}{\partial z}\bigg|_{z=0} = k\Phi_{0} e^{j\omega t} \tag{4.42}$$

根据瑞利公式得到刚性圆面的散射声场势函数：

$$\Phi_{s} = e^{j\omega t}\iint_{S} \frac{k\Phi_{0}}{2\pi}\frac{e^{-jkr}}{r}dS \tag{4.43}$$

可得 z 轴上散射声场势函数：

$$\Phi_{s} = 2\Phi_{0}\sin\left(\frac{k}{2}\left(\sqrt{z^2+a^2}-z\right)\right)e^{j\left(\omega t-\frac{k}{2}\left(\sqrt{z^2+a^2}+z\right)\right)} \tag{4.44}$$

根据速度势和声压关系可得到散射声场的声压，声压幅值在 z 轴上的分布函数为

$$p_0 = \left| \sin\left(\frac{k}{2}\left(\sqrt{z^2 + a^2} - z \right) \right) \right| \tag{4.45}$$

声压幅值在 z 轴上会存在一系列极大值点，极大值点位置 $z = D_n$ 满足的关系为

$$\sqrt{D_n^2 + a^2} - D_n = (2n+1)\frac{\lambda}{2}, \quad n = 0,1,2,3,\cdots \tag{4.46}$$

距离圆面最远的声压幅值极大值点位置为

$$D_0 = \frac{a^2}{\lambda} - \frac{\lambda}{4} \tag{4.47}$$

以上分析得到的刚性圆面的散射声场声压幅值分布规律与圆面活塞辐射器辐射声场的规律相同。当场点距离大于 D_0 时，将不再出现干涉现象，声压幅值单调减小；当场点距离远大于 D_0 时，声压幅值可近似认为按球面波规律减小。D_0 是瑞利距离的严格表示。不同的辐射面或散射体，即使它们的散射面最大线度相同，瑞利距离也会不同。这里把散射声场中距离散射体最远的声压幅值极大值点所对应的距离 D_0 作为瑞利距离 R_e。

令圆面半径为 0.50m，入射声波频率为 7.5kHz，瑞利距离 $R_e = 1.20$m。假设声源在圆面轴线方向距离圆面 100m，此时入射到圆面上的声波近似为平面波入射，接收点在轴上不同距离处，为收发分置情况。图 4.28 为利用解析公式和板块元方法得到的轴上不同距离处的归一化声压幅值和目标强度。可以看到在小于 1.20m 时，声场是一个随距离剧烈起伏的过程，大于 1.20m 后声场是一个逐渐衰减的过程，此时的目标强度随距离的增大也逐渐趋于平稳。

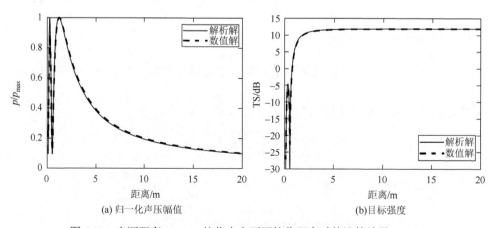

(a) 归一化声压幅值　　　　　　　　(b)目标强度

图 4.28　声源距离 100m，接收点在不同接收距离时的计算结果（一）

根据有限大平板的目标强度理论计算公式 $TS = 20\lg(A/\lambda)$，A 是平板面积，得到刚性圆面的目标强度 $TS_0 = 11.88dB$。用 $\Delta TS = TS - TS_0$ 表示目标强度计算结果与理论值的误差，不同距离处的误差值如图 4.29 和表 4.2 所示。

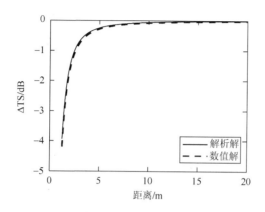

图 4.29　目标强度误差曲线

表 4.2　接收点在不同距离处的刚性圆面目标强度误差

距离/m	$R_e = 1.20$	$2R_e = 2.40$	$4R_e = 4.80$	$6R_e = 7.20$	$8R_e = 9.60$	$10R_e = 12.00$
$\Delta TS_{解析}$/dB	−3.04	−0.98	−0.24	−0.11	−0.06	−0.05
$\Delta TS_{数值}$/dB	−4.20	−1.07	−0.28	−0.13	−0.07	−0.05

通过对比解析方法和数值方法计算的刚性圆面散射声压和目标强度，两种方法的计算结果基本一致，验证了利用数值方法计算目标近场区或过渡区散射波的合理性。

如果在回波测量时为收发合置情况，在近距离处入射到圆面的声波不能近似为平面波，此时近场区的干涉叠加会发生变化。图 4.30 为收发合置情况下，轴上不同距离处的归一化声压幅值和目标强度，表 4.3 为几个不同距离处目标强度计算结果与理论值的误差值。相对于表 4.2，目标强度误差增大了 3 倍左右。

表 4.3　收发合置时在不同距离处刚性圆面目标强度误差

距离/m	$R_e = 1.25$	$2R_e = 2.50$	$4R_e = 5.00$	$6R_e = 7.50$	$8R_e = 10.00$	$10R_e = 12.50$
$\Delta TS_{数值}$/dB	−27.76	−4.09	−0.97	−0.43	−0.24	−0.16

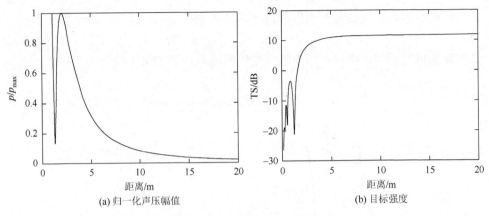

(a) 归一化声压幅值　　　　　　　　　　　(b) 目标强度

图 4.30　收发合置时不同距离的计算结果（一）

2. 刚性矩形面

令矩形面边长相等为 1m，入射声波频率 7.5kHz，利用板块元方法计算刚性矩形面的回波，结果如图 4.31 和图 4.32 所示。从收发合置和收发分置情况下的计算结果可以看出，相对于直径为 1m 的圆面，由于辐射面积的增大，刚性矩形面的瑞利距离也相应地增大，为 1.70m。刚性矩形面的目标强度为 $\text{TS}_{\text{理论}} = 13.98\text{dB}$，表 4.4 为接收点在不同距离处的刚性矩形面目标强度误差值。

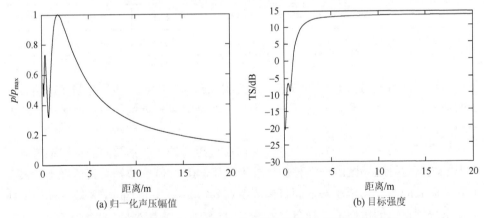

(a) 归一化声压幅值　　　　　　　　　　　(b) 目标强度

图 4.31　声源距离 100m，接收点在不同接收距离时的计算结果（二）

表 4.4　接收点在不同距离处的刚性矩形面目标强度误差

距离/m	$R_e = 1.70$	$2R_e = 3.40$	$4R_e = 6.80$	$6R_e = 10.20$	$8R_e = 13.60$	$10R_e = 17.00$
$\Delta\text{TS}_{\text{分置}}$/dB	−4.45	−1.76	−0.29	−0.12	−0.06	−0.02
$\Delta\text{TS}_{\text{合置}}$/dB	−17.22	−4.37	−1.07	−0.46	−0.25	−0.15

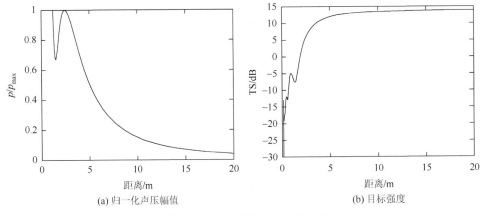

(a) 归一化声压幅值   (b) 目标强度

图 4.32   收发合置时不同距离的计算结果（二）

3. 二面角反射器

令二面角反射器 $a=b=l=1\text{m}$，入射声波频率 7.5kHz，计算声波垂直二面交线且 $\theta=45°$ 方向时收发分置和收发合置情况下的目标强度，其中收发分置时，假设声源距离二面角顶点 100m，入射波近似为平面波。目标强度计算结果分别如图 4.33 和图 4.34 所示。由图 4.33 可以得到此时的瑞利距离为 3.60m。根据 Knott 公式得到此时二面角反射器的目标强度 $\text{TS}_{理论}=17.07\text{dB}$，将其作为 TS_0，表 4.5 给出了接收点在不同距离处的目标强度误差值。

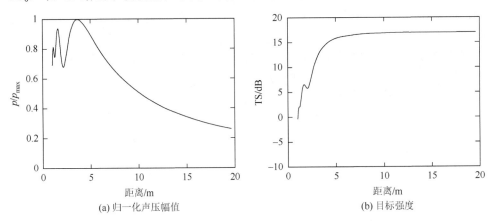

(a) 归一化声压幅值   (b) 目标强度

图 4.33   声源距离 100m，接收点在不同接收距离时的计算结果（三）

表 4.5   接收点在不同距离处的二面角反射器目标强度误差

距离/m	$R_e=3.60$	$2R_e=7.20$	$4R_e=14.40$	$6R_e=21.60$	$8R_e=28.80$	$10R_e=36.00$
$\Delta\text{TS}_{分置}$/dB	−3.05	−0.37	0.02	0.05	0.05	0.04
$\Delta\text{TS}_{合置}$/dB	−10.29	−2.82	−0.77	−0.37	−0.22	−0.15

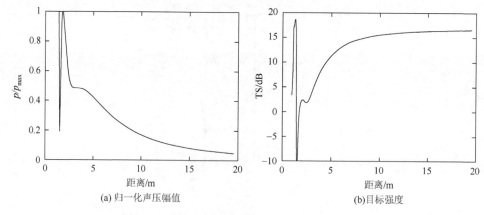

(a) 归一化声压幅值　　　　　　　　　(b)目标强度

图 4.34　收发合置时不同距离的计算结果（三）

　　从亮点模型的角度来说，角反射器多次反射回波亮点位置为角反射器的顶点，严格来说，应是与入射波波阵面平行的过角反射器顶点的投影面，即面间的多次反射声波与顶点处反射声波的声程相同，因此多次反射声波可近似认为是过顶点位置的、与入射声波波阵面平行的角反射器投影面的反射声波。需要说明的是，根据反射体的不同、入射声波角度的不同，并不是所有入射声束都能经多次反射后返回到入射声波方向的，因此投影面上并非所有区域都对反射声波有贡献，这里作为瑞利距离的近似估计，近似认为投影面上所有区域均有反射声波。

　　声波以 $\theta = 45°$ 方向入射时，经过两个面的二次反射后返回到入射方向，此时回波能量相当于与二面角反射器开口方向截面相同的有限平面的反射，有限平面的位置为图 4.35（a）中粗虚线所示的与开口截面平行的、过二面顶点的位置，以及距零点最远的角反射器反射面顶点的投影面。如图 4.35（b）所示，右上方区域称为投影面 1，左下方区域称为投影面 2。这个虚拟平面为矩形平面，边长分别为 l、d，其中 $d = \sqrt{a^2 + b^2}$ 。

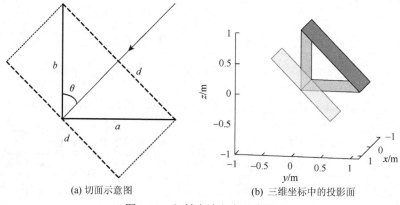

(a) 切面示意图　　　　　　　　　(b) 三维坐标中的投影面

图 4.35　入射声波方向示意图

图 4.36 给出了投影面回波的归一化声压幅值计算结果，图中横轴距离均是场点到坐标原点的距离。投影面 1 的瑞利距离为 2.75m，投影面 2 的瑞利距离为 3.40m，投影面和二面角反射器的瑞利距离不同，这是因为最后一次反射声波是从反射体表面上进行的"辐射"，其辐射点位置与投影面 1 和投影面 2 均存在一定距离，且不同位置处的距离不同。

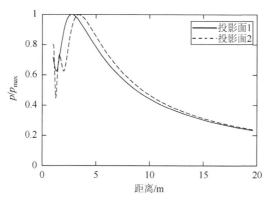

图 4.36　投影面回波的归一化声压幅值

综合考虑投影面和二面角反射器形成近场回波时的微元或点反射位置的因素，可做投影面 1 的外切圆面，如图 4.37 所示，得到外切圆面的瑞利距离为 3.70m。对比二面角反射器、投影面及其外切圆面的瑞利距离，见表 4.6，投影面 1 的外切圆面与二面角反射器的瑞利距离误差最小。

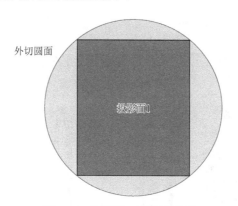

图 4.37　投影面 1 的外切圆面

表 4.6　二面角反射器、投影面及其外切圆面的瑞利距离

名称	二面角反射器	投影面 1	投影面 2	投影面 1 的外切圆面
R_e/m	3.60	2.75	3.40	3.70

在数值计算或实验测量二面角反射器目标强度时，可用投影面 1 的外切圆面的瑞利距离近似估算远场条件，当不满足远场条件特别是在瑞利距离附近时，需要对结果进行误差修正。

4.2.5　角度误差的影响

若要充分利用二面角反射器上二次反射波得到大目标强度，需要严格要求二面夹角为 90°，但实际加工制作时，特别是大尺度的角反射器，二面夹角不可避免地会存在角度误差。仍以尺寸 $a=b=l=1\mathrm{m}$ 的二面角反射器为例，采用 Knott 公式计算如图 4.1 所示的不同二面夹角 2β 时的目标强度，声波入射角度为图中所示的 ξ。分别计算了二面夹角 $2\beta \in [80°,100°]$ 范围内，入射声波频率 7.5kHz、10kHz、50kHz 和 100kHz 时的二面角反射器目标强度，如图 4.38～图 4.41 所示，

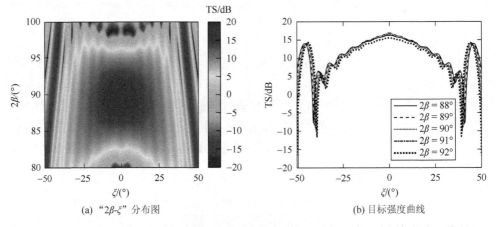

(a) "2β-ξ" 分布图　　　　　　　　　　(b) 目标强度曲线

图 4.38　$f = 7.5\mathrm{kHz}(ka = 31)$，不同二面夹角时二面角反射器目标强度（彩图扫封底二维码）

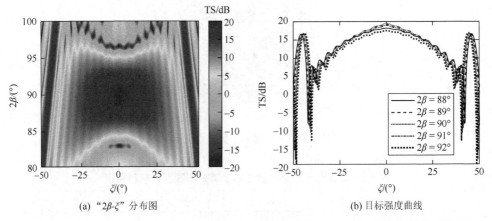

(a) "2β-ξ" 分布图　　　　　　　　　　(b) 目标强度曲线

图 4.39　$f = 10\mathrm{kHz}(ka = 42)$，不同二面夹角时二面角反射器目标强度（彩图扫封底二维码）

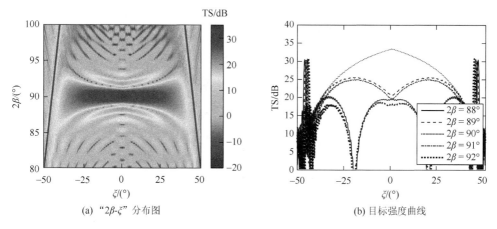

图 4.40　$f = 50\text{kHz}(ka = 209)$，不同二面夹角时二面角反射器目标强度（彩图扫封底二维码）

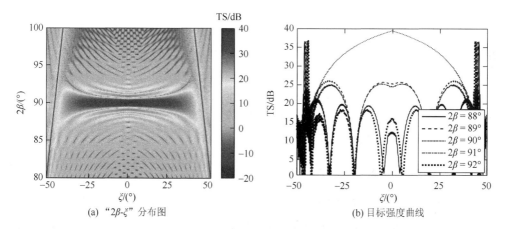

图 4.41　$f = 100\text{kHz}(ka = 418)$，不同二面夹角时二面角反射器目标强度（彩图扫封底二维码）

　　其中，分图（a）是目标强度的"2β-ξ"分布图，分图（b）是几个不同 2β 角度时的目标强度随 ξ 变化的曲线。由于二面夹角 2β 不同，两个面的一次反射波出现的角度 ξ 也随之改变。由于二面夹角逐渐偏离 90°，二次反射波的方向将逐渐偏离入射波方向，因此二次反射波的强度也随之减弱。但不同频率或 ka 值时，二次反射波强度与二面夹角变化的敏感程度不同，频率越低，目标强度随夹角偏离 90°的程度减小得越慢，频率增大时，目标强度随夹角偏离 90°的程度减小得越快。

　　入射声波角度 $\xi = 0°$，得到二面角反射器目标强度"ka-2β"分布图，其中对每个 ka 值时的目标强度进行了归一化处理，如图 4.42 所示，随着 ka 增大，能形成强回波的角度范围逐渐减小。因此，在实际的二面角反射器使用时，需要根据具体的声波频率和角反射器尺寸确定加工制作所需的角度精度要求。

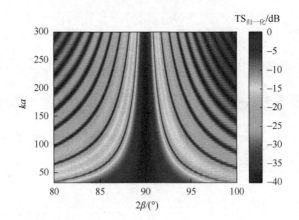

图 4.42　二面角反射器目标强度"ka-2β"分布图（彩图扫封底二维码）

4.2.6　起伏反射面的影响

平面度是指基片具有的宏观凹凸高度相对理想平面的偏差，平面度属于形位误差中的形状误差。二面角反射器的反射面要求是平面的，实际加工制作时，特别是大尺度的角反射器，反射面可能出现变形使其成为起伏面，下面通过建立起伏面二面角反射器几何模型，利用声束弹跳方法计算和分析高斯起伏面二面角反射器的目标强度分布特性。

1. 起伏面二面角反射器几何模型

1）方法一：直接映射法

直接映射法是通过对平面上的离散点进行三角形面元剖分，将其映射到高斯起伏面得到二面角反射器的反射面的三角形面元剖分结果[90]。具体实现过程如下所述。

（1）高斯起伏面模拟。

利用蒙特卡罗方法建立二维高斯随机起伏面。假设二维随机起伏面在 x 和 y 方向的长度分别为 L_x 和 L_y，等间隔离散点数分别为 M 和 N，相邻两点间距离分别为 Δx 和 Δy，有 $L_x = M\Delta x$，$L_y = N\Delta y$，起伏面上每一点 (x_m, y_n) 处的高度为[91]

$$f(x_m, y_n) = \frac{1}{L_x L_y} \sum_{m_k=-M/2+1}^{M/2} \sum_{n_k=-N/2+1}^{N/2} F(k_{m_k}, k_{n_k}) e^{j(k_{m_k} x_m + k_{n_k} y_n)} \tag{4.48}$$

式中

$$F(k_{m_k}, k_{n_k}) = 2\pi \left(L_x L_y S(k_{m_k}, k_{n_k}) \right)^{1/2} \times \begin{cases} \dfrac{N(0,1) + jN(0,1)}{\sqrt{2}}, & m_k \neq 0, M/2 \text{且} n_k \neq 0, N/2 \\ N(0,1), & m_k = 0, M/2 \text{或} n_k = 0, N/2 \end{cases}$$

$$\tag{4.49}$$

$F(k_{m_k},k_{n_k})$ 满足共轭对称关系 $F(k_{m_k},k_{n_k})=F^*(-k_{m_k},-k_{n_k})$ 和 $F(k_{m_k},-k_{n_k})=F^*(-k_{m_k},k_{n_k})$；$S(k_{m_k},k_{n_k})$ 为二维起伏面的功率谱密度函数；$k_{m_k}=2\pi n_k/L_x$，$-k_{n_k}=2\pi n_k/L_y$。

二维高斯随机起伏面的功率谱密度函数为

$$S(k_x,k_y)=\delta^2\frac{l_xl_y}{4\pi}e^{-\frac{k_x^2l_x^2+k_y^2l_y^2}{4}}\qquad(4.50)$$

式中，l_x、l_y 分别是 x 和 y 方向的相关长度；δ 是均方根高度。

以面 I 为例，令 $a=l=1\text{m}$，取参数 $l_x=l_y=0.5\text{m}$，$\delta=1\text{cm}$，由式（4.48）得到起伏面如图 4.43 所示。

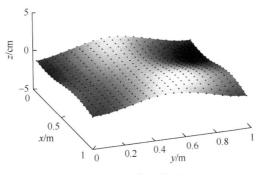

图 4.43　高斯起伏面

假设两个面的交线在 x 轴上并且为直线，即认为两面相交的边缘处不存在起伏误差，则需对图 4.43 中的高斯起伏面沿 y 轴方向进行加权处理，使整个起伏面在 $y=0$ 时 $z=0$，取加权面的方程为

$$z=1-\frac{1}{e^{\zeta y}}\qquad(4.51)$$

式中，ζ 为调节因子。$\zeta=5$ 时的加权面如图 4.44（a）所示，加权之后的高斯起伏面如图 4.44（b）所示。

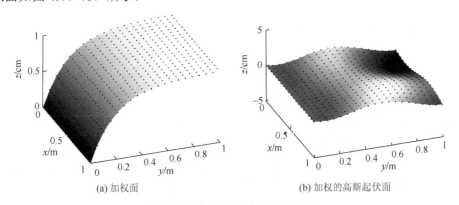

(a) 加权面　　　　　　　　　　　　　　(b) 加权的高斯起伏面

图 4.44　高斯起伏面的加权处理

（2）三角形面元剖分。

将图 4.44（b）起伏面上的空间离散点映射到 xOy 平面，利用德劳内（Delaunay）三角网格剖分方法得到 xOy 平面上离散点对应的三角网格，再将其映射到随机起伏界面得到最终的三角形面元剖分结果。实现过程如图 4.45 所示，其中图 4.45（a）是映射到 xOy 平面上的离散点，图 4.45（b）是 xOy 平面上的三角网格剖分结果，图 4.45（c）是起伏面的三角形面元剖分结果，图 4.45（b）中每一个三角形面元为直角三角形面元。

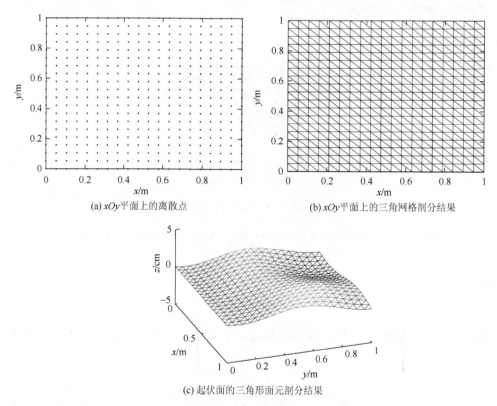

(a) xOy 平面上的离散点　　　　　　　(b) xOy 平面上的三角网格剖分结果

(c) 起伏面的三角形面元剖分结果

图 4.45　起伏面的三角形面元剖分过程

（3）起伏面二面角反射器面元剖分结果。

采用上述方法分别得到起伏面 I 和起伏面 II，即可得到起伏面二面角反射器面元剖分结果，如图 4.46 所示。

2）方法二：插值映射法

插值映射法是通过几何建模软件（如 Ansys 等）进行平面的三角形面元剖分，利用得到的节点坐标在高斯起伏面上插值计算得到对应的高度坐标值，最终得到高斯起伏面的二面角反射面的三角形面元剖分结果。具体实现过程如下所述。

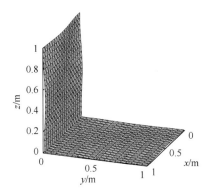

图 4.46　直接映射法得到的起伏面二面角反射器面元剖分结果

（1）高斯起伏面模拟。

此过程与直接映射法相同。

（2）三角形面元剖分。

利用几何建模软件对平面进行三角形面元剖分，分别得到面元节点和三角网格信息，结果如图 4.47 所示；在已有如图 4.48（a）所示的高斯起伏面上均匀分布点的基础上，对图 4.47（a）中的面元节点进行三维插值，得到面元节点对应的高斯起伏面上点，如图 4.48（b）所示；再将图 4.47（b）中的三角网格映射到图 4.48（b）的高斯起伏面，得到最终的三角形面元剖分结果，如图 4.49 所示，在起伏面斜率不大的条件下，起伏面上每一个三角形面元近似为等边三角形面元。

（3）起伏面二面角反射器面元剖分结果。

采用上述方法分别得到起伏面Ⅰ和起伏面Ⅱ，即可得到起伏面二面角反射器面元剖分结果。相对于直接映射法建立的面元，插值映射法建立的三角形面元更趋近于等边三角形面元。

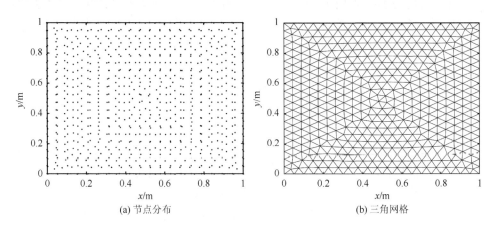

(a) 节点分布　　　　　　　　　　　　(b) 三角网格

图 4.47　xOy 平面上三角网格剖分结果

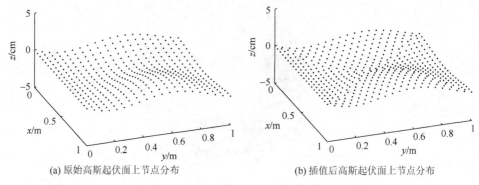

(a) 原始高斯起伏面上节点分布　　　　　　(b) 插值后高斯起伏面上节点分布

图 4.48　起伏面三维插值结果

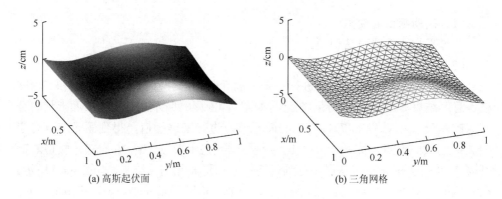

(a) 高斯起伏面　　　　　　　　　　　(b) 三角网格

图 4.49　起伏面的三角形面元剖分结果

2. 不同均方根高度时的目标强度

以边长均为 1m 的二面角反射器为例,计算和分析不同起伏均方根高度时的目标强度。图 4.50 是声波频率 7.5kHz,相关长度为 0.5m,均方根高度分别为 1cm、2cm、3cm、4cm 时的多次统计平均的计算结果,其中面元尺度取波长的 1/10。为了方便观察目标强度随均方根高度增大变化的程度,图中同时给出了理想平整表面即 $\delta = 0$ 时的结果。图 4.51 为入射角 $\theta = 45°$ 时目标强度随均方根高度增大的变化。随着均方根高度的增大,目标强度均值逐渐减小,并且目标强度均方差范围也在增大。

假设起伏面的相关长度远大于均方根高度(对于角反射器反射面形变引起的起伏这种假设是合理的),即面的法向变化不大,每条二次反射声束都会对回波存在贡献,在不考虑能量的条件下,只考虑每条声束的声程,计算每条声线相对于图 4.16 中二次反射波亮点处声线的声程差,图 4.52 为均方根高度 1cm、$\theta = 45°$ 时所有在二面角反射器上二次反射声线的声程差的概率分布。

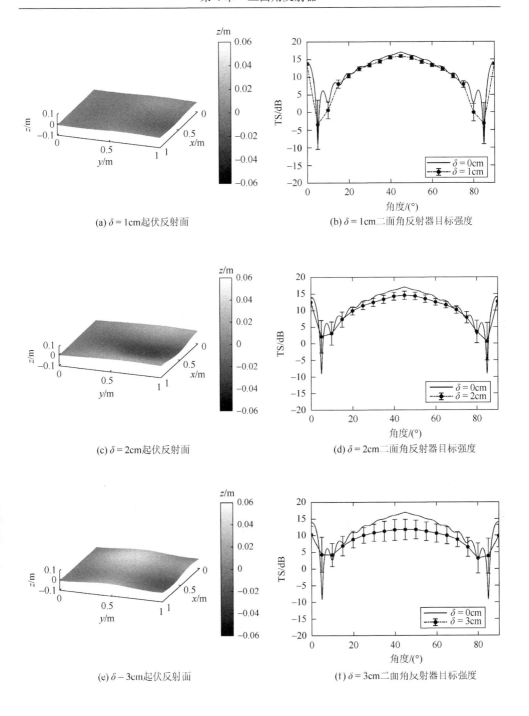

(a) δ = 1cm起伏反射面

(b) δ = 1cm二面角反射器目标强度

(c) δ = 2cm起伏反射面

(d) δ = 2cm二面角反射器目标强度

(e) δ = 3cm起伏反射面

(f) δ = 3cm二面角反射器目标强度

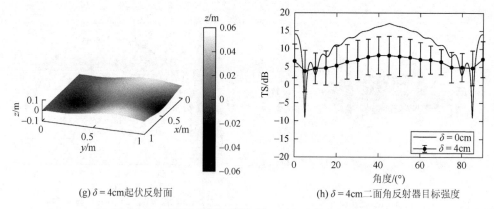

(g) δ = 4cm起伏反射面　　　　　　　　(h) δ = 4cm二面角反射器目标强度

图 4.50　不同均方根高度起伏二面角反射器目标强度

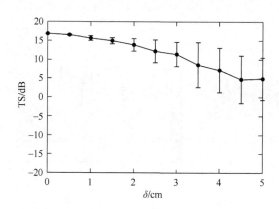

图 4.51　θ = 45°时目标强度随均方根高度增大的变化

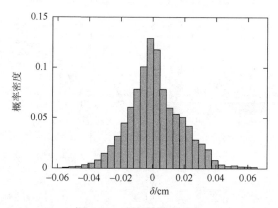

图 4.52　声程差概率分布

　　目标强度的减小是由于声程差引起所有声束反射后回波信号存在相位变化，因此在不同频率时，相同的起伏程度对二面角反射器目标强度的影响也不同，

图 4.53 为均方根高度 1cm、$\theta = 45°$时，频率 7~20kHz 时的目标强度。频率越高，对反射面的起伏越敏感。

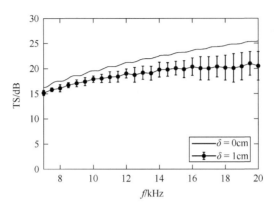

图 4.53 均方根高度 1cm、$\theta = 45°$时不同频率的目标强度

4.3 非硬边界二面角反射器回波特性

以上均是在绝对硬边界时分析的二面角反射器回波特性，实际工程应用中反射面是由具有一定反射系数的材料制成的，其反射系数不为 1 将会导致角反射器的回波特性发生改变。

4.3.1 固体板反射面二面角反射器

1. 两面水负载固体板反射系数

为了保证反射面的平整度，一般采用固体金属板制作角反射器，在水中使用时板的两面均为水负载，此时声波入射到板上时不是绝对硬反射。令固体板厚度为 d，声波入射角度为 θ_i，如图 4.54 所示。

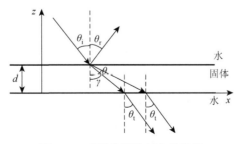

图 4.54 声波在固体板上的反射

当平面声波从水中入射到固体板上表面时，进入到固体板的折射波包含沿 z 轴负方向传播的纵波和横波，折射波在板下表面反射后形成沿 z 轴正方向传播的纵波和横波，因此，在板中的纵波和横波势函数可写为[92,93]

$$\phi = (\phi' e^{j\alpha z} + \phi'' e^{-j\alpha z}) e^{j(\xi x - \omega t)}, \quad \alpha^2 + \xi^2 = k^2 \qquad (4.52)$$

$$\varphi = (\varphi' e^{j\beta z} + \varphi'' e^{-j\beta z}) e^{j(\xi x - \omega t)}, \quad \beta^2 + \xi^2 = \kappa^2 \qquad (4.53)$$

式中，k、κ 分别表示纵波和横波的波数；α、β 分别表示纵波和横波波数沿 z 方向的分量；ξ 表示波数沿 x 轴方向的分量。略去势函数中的共同因子 $e^{j(\xi x - \omega t)}$，得到

$$\phi = \phi' e^{j\alpha z} + \phi'' e^{-j\alpha z} \qquad (4.54)$$

$$\varphi = \varphi' e^{j\beta z} + \varphi'' e^{-j\beta z} \qquad (4.55)$$

x、z 轴方向的位移分量为

$$\begin{cases} u_x = \dfrac{\partial \varphi}{\partial x} - \dfrac{\partial \phi}{\partial z} \\ u_z = \dfrac{\partial \varphi}{\partial z} + \dfrac{\partial \phi}{\partial x} \end{cases} \qquad (4.56)$$

应力分量为

$$\begin{cases} T_z = \lambda \left(\dfrac{\partial u_x}{\partial x} + \dfrac{\partial u_z}{\partial z} \right) + 2\mu \dfrac{\partial u_z}{\partial z} \\ T_x = \mu \left(\dfrac{\partial u_x}{\partial z} + \dfrac{\partial u_z}{\partial x} \right) \end{cases} \qquad (4.57)$$

在板上界面即 $z = d$ 处，u_{xd}、u_{zd} 和 T_{zd}、T_{xd} 写成如下矩阵形式：

$$\begin{bmatrix} u_{xd} \\ u_{zd} \\ T_{zd} \\ T_{xd} \end{bmatrix} = \begin{bmatrix} A_{11} & A_{12} & A_{13} & A_{14} \\ A_{21} & A_{22} & A_{23} & A_{24} \\ A_{31} & A_{32} & A_{33} & A_{34} \\ A_{41} & A_{42} & A_{43} & A_{44} \end{bmatrix} \cdot \begin{bmatrix} \phi' + \phi'' \\ \phi' - \phi'' \\ \varphi' + \varphi'' \\ \varphi' - \varphi'' \end{bmatrix} \qquad (4.58)$$

式（4.58）矩阵中各元素为

$$A_{11} = j\xi \cos P$$

$$A_{12} = \xi \sin P$$

$$A_{13} = j\xi \cos Q$$

$$A_{14} = \xi \sin Q$$

$$A_{21} = -\alpha \sin P$$

$$A_{22} = -j\alpha \cos P$$

$$A_{23} = \xi \sin Q$$

$$A_{24} = \mathrm{j}\xi\cos Q$$

$$A_{31} = -(\lambda k^2 + 2\mu\alpha^2)\cos P$$

$$A_{32} = \mathrm{j}(\lambda k^2 + 2\mu\alpha^2)\sin P$$

$$A_{33} = 2\mu\xi\beta\cos Q$$

$$A_{34} = -2\mathrm{j}\mu\xi\beta\sin Q$$

$$A_{41} = 2\mathrm{j}\mu\alpha\xi\sin P$$

$$A_{42} = 2\mu\alpha\xi\cos P$$

$$A_{43} = \mathrm{j}\mu(\xi^2 - \beta^2)\sin Q$$

$$A_{44} = \mu(\beta^2 - \xi^2)\cos Q$$

在板下界面即 $z = 0$ 处，$P = Q = 0$，u_{x0}、u_{z0} 和 T_{z0}、T_{x0} 为

$$\begin{bmatrix} u_{x0} \\ u_{z0} \\ T_{z0} \\ T_{x0} \end{bmatrix} = \begin{bmatrix} \mathrm{j}\xi & 0 & \mathrm{j}\xi & 0 \\ 0 & -\mathrm{j}\alpha & 0 & \mathrm{j}\xi \\ -(\lambda k^2 + 2\mu\alpha^2) & 0 & 2\mu\xi\beta & 0 \\ 0 & 2\mu\alpha\xi & 0 & \mu(\beta^2 - \xi^2) \end{bmatrix} \cdot \begin{bmatrix} \phi' + \phi'' \\ \phi' - \phi'' \\ \varphi' + \varphi'' \\ \varphi' - \varphi'' \end{bmatrix} \quad (4.59)$$

式中，λ、μ 为拉梅常量；$P = \alpha d$；$Q = \beta d$。求解以上两个方程组，得到

$$\begin{bmatrix} u_{xd} \\ u_{zd} \\ T_{zd} \\ T_{xd} \end{bmatrix} = \begin{bmatrix} a_{11} & a_{12} & a_{13} & a_{14} \\ a_{21} & a_{22} & a_{23} & a_{24} \\ a_{31} & a_{32} & a_{33} & a_{34} \\ a_{41} & a_{42} & a_{43} & a_{44} \end{bmatrix} \cdot \begin{bmatrix} u_{x0} \\ u_{z0} \\ T_{z0} \\ T_{x0} \end{bmatrix} \quad (4.60)$$

式（4.60）矩阵中各元素为

$$a_{11} = 2\sin^2\gamma\cos P + \cos(2\gamma)\cos Q$$

$$a_{12} = \mathrm{j}(\tan\theta\cos(2\gamma)\sin P - \sin(2\gamma)\sin Q)$$

$$a_{13} = \mathrm{j}\sin\theta(\cos Q - \cos P) / (\omega\rho c)$$

$$a_{14} = (\tan\theta\sin\gamma\sin P + \cos\gamma\sin Q) / (\omega\rho b)$$

$$a_{21} = \mathrm{j}(2\cot\theta\sin^2\gamma\sin P - \tan\gamma\cos(2\gamma)\sin Q)$$

$$a_{22} = \cos(2\gamma)\cos P + 2\sin^2\gamma\cos Q$$

$$a_{23} = (\cos\theta\sin P + \tan\gamma\sin\theta\sin Q) / (\omega\rho c)$$

$$a_{24} = \mathrm{j}\sin\gamma(\cos Q - \cos P) / (\omega\rho b)$$

$$a_{31} = -2\mathrm{j}\omega\rho b\sin\gamma\cos(2\gamma)(\cos Q - \cos P)$$

$$a_{32} = -\omega\rho((c\cos^2(2\gamma) / \cos\theta)\sin P + 4b\cos\gamma\sin^2\gamma\sin Q)$$

$$a_{33} = \cos(2\gamma)\cos P + 2\sin^2\gamma\cos Q$$

$$a_{34} = \mathrm{j}(\cos(2\gamma)\tan\theta\sin P - \sin(2\gamma)\sin Q)$$

$$a_{41} = -\omega\rho b^2 ((4/c)\cos\theta\sin^2\gamma\sin P + (\cos^2(2\gamma)/b\cos\gamma)\sin Q)$$

$$a_{42} = -2\mathrm{j}\omega\rho b^2 \sin\theta\cos(2\gamma)(\cos Q - \cos P)/c$$

$$a_{43} = \mathrm{j}b^2((\sin(2\theta)/c^2)\sin P - (\cos(2\gamma)/b^2)\tan\gamma\sin Q)$$

$$a_{44} = 2\sin^2\gamma\cos P + \cos(2\gamma)\cos Q$$

式中，θ 和 γ 由入射角 θ_i、水中声速 c_w、固体中的纵波波速 c、横波波速 b 共同决定：

$$\frac{\sin\theta_i}{c_w} = \frac{\sin\theta}{c} = \frac{\sin\gamma}{b} \tag{4.61}$$

由于固体板的反射，在 $z>d$ 的水中声场包含入射声波和反射声波，可写为

$$\varphi_{\text{上}} = \mathrm{e}^{\mathrm{j}k_w z\cos\theta_i} + V_p \mathrm{e}^{-\mathrm{j}k_w z\cos\theta_i} \tag{4.62}$$

式中，k_w 为水中波数；V_p 为声压反射系数；θ_i 为入射角。板下方只有沿 z 轴负向传播的波，可写为

$$\varphi_{\text{下}} = W_p \mathrm{e}^{\mathrm{j}k_w z\cos\theta_t} \tag{4.63}$$

式中，W_p 为声压透射系数；θ_t 为透射角。

当板下方为空气介质时：

$$\varphi_{\text{下}} = W_p \mathrm{e}^{\mathrm{j}k_a z\cos\theta_t} \tag{4.64}$$

式中，k_a 为空气中的波数。

在固体板上、下界面上分别根据应力和位移连续的边界条件，经过公式推导和整理得到固体板的声压反射系数：

$$V_p = \frac{Z_{in} - Z_w}{Z_{in} + Z_w} \tag{4.65}$$

式中，$Z_w = \dfrac{\rho_w c_w}{\cos\theta_i}$；$Z_{in} = \dfrac{\mathrm{j}}{\omega}\dfrac{M_{32} - \mathrm{j}\omega Z_L M_{33}}{M_{22} - \mathrm{j}\omega Z_L M_{23}}$；$M_{ik} = a_{ik} - a_{i1}a_{4k}/a_{41}$，$i,k = 2,3$。

板下方为水介质时 $Z_L = \dfrac{\rho_w c_w}{\cos\theta_t}$，板下方为空气介质时 $Z_L = \dfrac{\rho_a c_a}{\cos\theta_t}$。

声压透射系数为

$$W_p = \frac{\rho_w}{\rho_L} \frac{2\mathrm{j}\omega Z_L}{M_{32} + \mathrm{j}\omega Z_L M_{33} + (\mathrm{j}\omega M_{22} - Z_L \omega^2 M_{23})Z_w} \tag{4.66}$$

式中，ρ_L 为板下方介质的密度。

声强透射系数为

$$W_I = \frac{\rho_w c_w}{\rho_L c_L}|W_p|^2 \tag{4.67}$$

本节以钢板、铝板、石英玻璃板和有机玻璃板为例计算其反射系数，材料声学参数如表 4.7 所示，图 4.55～图 4.58 是两面水负载时四种不同材质板反射系数的 fd-θ_i 图，fd 表示频率和厚度的乘积，简称频厚积。

表 4.7　材料声学参数[89]

材料	密度/(kg/m³)	体纵波波速/(m/s)	体横波波速/(m/s)
钢板	7930	5900	3230
铝板	2700	6300	3080
石英玻璃	2700	5570	3520
有机玻璃	1180	2700	1300

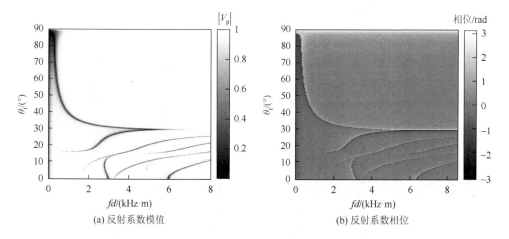

(a) 反射系数模值　　　　　　　　　(b) 反射系数相位

图 4.55　两面水负载时钢板反射系数的 fd-θ_i 图

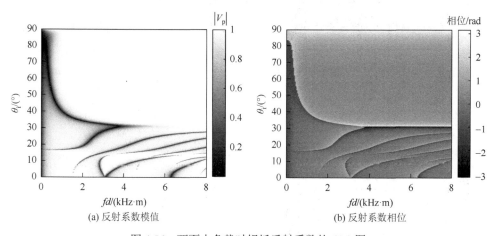

(a) 反射系数模值　　　　　　　　　(b) 反射系数相位

图 4.56　两面水负载时铝板反射系数的 fd-θ_i 图

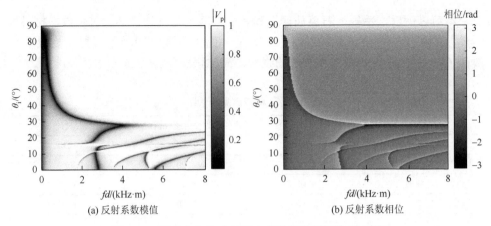

(a) 反射系数模值   (b) 反射系数相位

图 4.57　两面水负载时石英玻璃板反射系数的 fd-θ_i 图

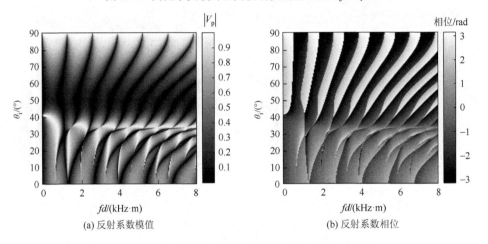

(a) 反射系数模值   (b) 反射系数相位

图 4.58　两面水负载时有机玻璃板反射系数的 fd-θ_i 图

　　水负载弹性板反射系数中随着频厚积 fd 的变化会存在反射系数突然减小的角度，这些角度的出现也可用板中各阶 Lamb 波临界角进行解释。当平面声波以某阶 Lamb 波临界角 θ_L 入射到弹性板面上时，会在板中激发起 Lamb 波，Lamb 波在板中传播的过程中不断向水中辐射声波，辐射声波以 Lamb 波的临界角方向在水中传播，称为弹性散射波，如图 4.59 所示。由于弹性散射波有部分能量以临界角 θ_L 即界面反射方向辐射到水中，反射系数在临界角 θ_L 时突然减小。

　　板中的 Lamb 波分为对称模态和反对称模态两种，对称模态的 Lamb 波频散方程为

$$4k^2\alpha\beta\sin(\alpha h)\cos(\beta h)+(\beta^2-k^2)^2\sin(\beta h)\cos(\alpha h)-\mathrm{j}\frac{\rho\omega^2\alpha}{\mu\gamma}(\beta^2+k^2)\sin(\alpha h)\sin(\beta h)=0$$

$$(4.68)$$

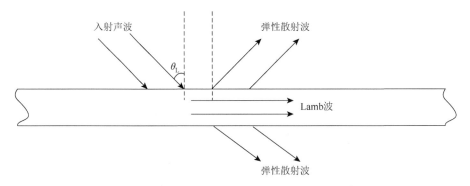

图 4.59　入射声波以某阶 Lamb 波临界角入射时声波传播示意图

反对称模态的 Lamb 波频散方程为

$$4k^2\alpha\beta\cos(\alpha h)\sin(\beta h)+(\beta^2-k^2)^2\cos(\beta h)\sin(\alpha h)+\mathrm{j}\frac{\rho\omega^2\alpha}{\mu\gamma}(\beta^2+k^2)\cos(\alpha h)\cos(\beta h)=0$$

$$(4.69)$$

式中，$\alpha^2=\omega^2/c_{\mathrm{L}}^2-k^2$，$\beta^2=\omega^2/c_{\mathrm{T}}^2-k^2$，$c_{\mathrm{L}}$ 和 c_{T} 是弹性体中的纵波和横波波速；ρ 为水的密度；h 为板的厚度；$k=\omega/c_{\mathrm{p}}$，c_{p} 为沿板面方向传播的相速度。

　　Lamb 波频散方程是超越方程，其解只能通过数值方法进行求解，以钢板和铝板为例，得到相速度频散曲线，如图 4.60 所示。Lamb 波临界角由式（4.70）得到：

$$\sin\theta_{\mathrm{L}n}=\frac{c_{\mathrm{w}}}{c_{\mathrm{L}n}}$$

$$(4.70)$$

式中，$\theta_{\mathrm{L}n}$ 为第 n 阶 Lamb 波临界角；c_{w} 为水中声速；$c_{\mathrm{L}n}$ 为第 n 阶 Lamb 波相速度。得到各阶 Lamb 波临界角曲线，如图 4.61 所示。

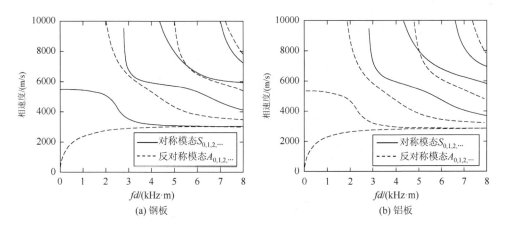

图 4.60　相速度频散曲线

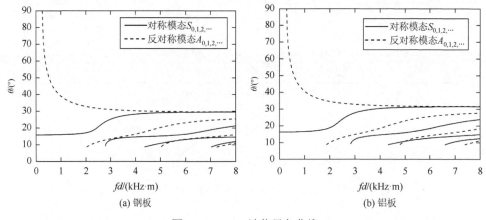

图 4.61　Lamb 波临界角曲线

图 4.61 中 Lamb 波临界角与图 4.55 和图 4.56 中反射系数模值突然减小的角度一致。

2. 两面水负载固体板二面角反射器目标强度

如图 4.62 所示,当声波垂直入射(即 $\theta_{i1} = 0°$)到二面角反射器上的某个面时,回波只经过了这个面的一次反射,反射波声压 $p_r = V(\theta_{i1})p_i$。当声波以入射角 θ_{i1} 入射到二面角反射器上的某个面时,反射声波以入射角 θ_{i2} 经过另一个面再次反射后返回,回波经过了两个面的二次反射,反射波声压 $p_r = V(\theta_{i1})V(\theta_{i2})p_i$,其中 $\theta_{i2} = 90° - \theta_{i1}$。

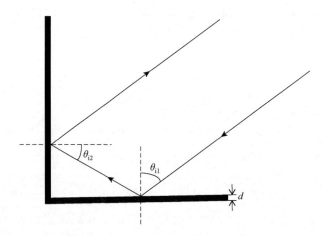

图 4.62　二面角反射器上声波的二次反射

由水负载板的反射系数计算结果分析,声波在某些入射角度,由于板反射系数的降低,二面角反射的目标强度也会减小。理论计算目标强度时,需根据入射到反射面上的声波角度代入不同的声压反射系数，即一次反射波和二次反射波对应的入射波的入射角度不同，分别为 θ_{i1} 和 $\theta_{i2}=90°-\theta_{i1}$。以钢板材质为例，令声波频率为 20kHz，由图 4.55 的 fd-θ_i 图可知，板的厚度不同，反射系数随角度改变的差异将直接影响二面角反射器的目标强度角度分布。

图 4.63～图 4.66 分别为钢板厚度为 1cm、2cm、3.5cm 和 5cm 时的反射系数模值和二面角反射器目标强度。在板厚为 1cm 时，钢板反射系数基本小于 1，Lamb 波临界角角度接近 90°，二面角反射器的目标强度的所有角度上均呈现小于绝对硬界面时的目标强度。随着钢板厚度的增加，Lamb 波临界角角度减小，在临界角以外的角度反射系数增大，二面角反射器目标强度在临界角对应的角度时急剧减小，但其他角度时目标强度随着板厚的增加逐渐趋于绝对硬界面时的目标强度。

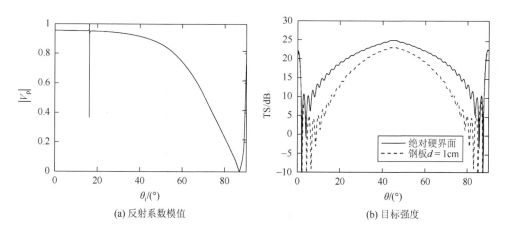

(a) 反射系数模值　　　　　　　　(b) 目标强度

图 4.63　钢板厚 1cm 的二面角反射器

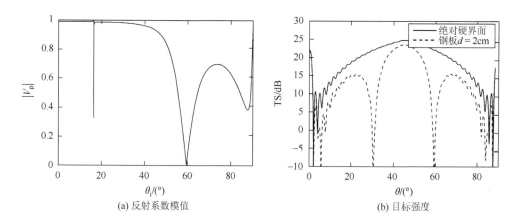

(a) 反射系数模值　　　　　　　　(b) 目标强度

图 4.64　钢板厚 2cm 的二面角反射器

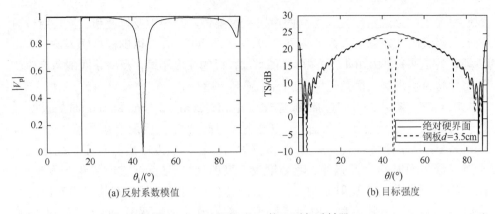

(a) 反射系数模值　　　　　　　　　　(b) 目标强度

图 4.65　钢板厚 3.5cm 的二面角反射器

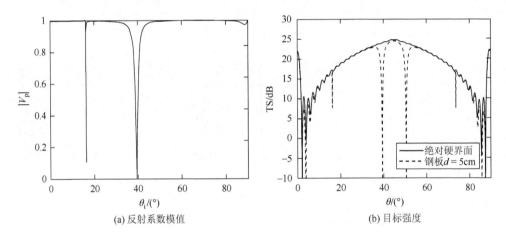

(a) 反射系数模值　　　　　　　　　　(b) 目标强度

图 4.66　钢板厚 5cm 的二面角反射器

　　由图 4.55～图 4.58 中不同材质板反射系数的 fd-θ_i 图可知,在频率和板厚相同的条件下,不同材质板的二面角反射器目标强度也会不同,图 4.67（b）为频率为 20kHz、板厚为 5cm 时,材质分别为钢板、铝板、石英玻璃板和有机玻璃板二面角反射器的目标强度,可以看出钢板的目标强度最接近绝对硬界面时的目标强度,有机玻璃板几乎在所有角度时都不具有强回波。改变频率为 10kHz,结果如图 4.68（b）所示。

　　如图 4.69 所示为厚度为 2mm、边长为 10cm 的正方形钢板焊接而成的二面角反射器。二面角反射器由细棉绳吊放在水中,测量时可忽略细棉绳的散射波,细棉绳另一端连接旋转装置,沿使二面角反射器的凹面正对换能器的方向每隔 0.5°进行旋转,采集存储每个角度时的回波信号。测量时声源发射信号为频率 800kHz 的单频脉冲信号。

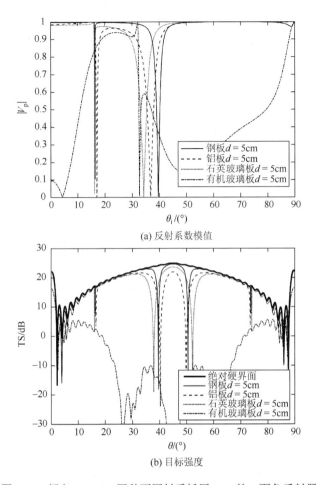

(a) 反射系数模值

(b) 目标强度

图 4.67 频率 20kHz、四种不同材质板厚 5cm 的二面角反射器

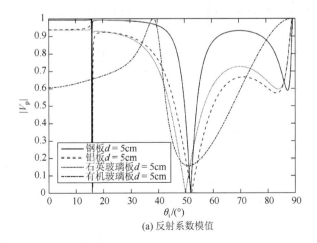

(a) 反射系数模值

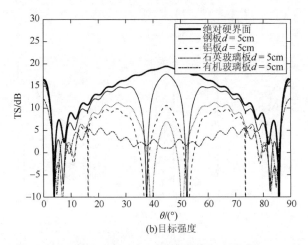

(b)目标强度

图 4.68 频率 10kHz、四种不同材质板厚 5cm 的二面角反射器

图 4.69 二面角反射器实物

图 4.70 为实验测量回波亮点分布结果，可以清晰地观察到目标回波中包含的镜反射波即一次反射波、棱角波、弹性散射波和多次散射波。

为了更清晰地观察多次散射波，单独画出多次散射波的归一化目标强度随角度变化的曲线，如图 4.71（a）所示。为了和理论计算的结果进行对比分析，给出了对应条件下理论计算的结果，如图 4.71（b）所示。

4.3.2 空气夹层固体板反射面二面角反射器

在不同材质板中，钢板组成的二面角反射器虽然具有比较理想的强回波特性，但是由于板中 Lamb 波临界角不固定，在不同频率和不同板厚时均会出现某些角度回波减小或消失的现象，特别是在频率进一步降低时，要得到与绝对硬界面相近的目标强度，需要较大的板厚。为了解决这一问题，可采用空气夹层固体板结构。

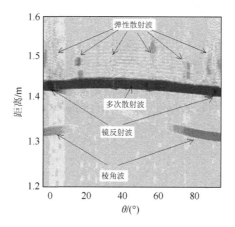

图 4.70　二面角反射器回波信号伪彩图（彩图扫封底二维码）

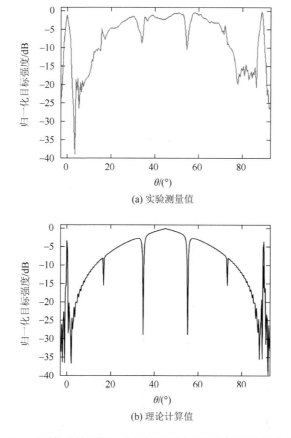

(a) 实验测量值

(b) 理论计算值

图 4.71　二面角反射器归一化目标强度实验测量和理论计算结果

1. 空气夹层固体板反射系数

如图 4.72（a）所示，两固体板中间为空气夹层。一般情况下，选用固体板的特性阻抗远大于空气的特性阻抗，从固体板中折射进入空气中的声波能量会很小，如果忽略这部分声波能量，图 4.72（a）可简化为一面为水、另一面为空气负载的固体板的声反射，如图 4.72（b）所示。

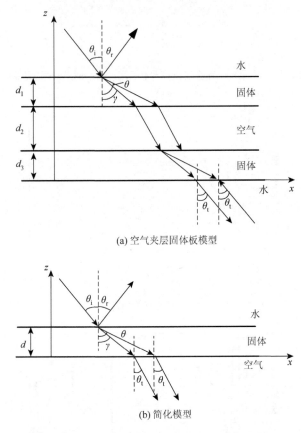

(a) 空气夹层固体板模型

(b) 简化模型

图 4.72　声波在空气夹层固体板反射

利用 4.3.1 节中两面水负载固体板声反射计算公式，将下层介质换为空气，可得到一面空气、一面水负载固体板的声压反射系数，计算结果如图 4.73～图 4.76 所示。对比两面水负载固体板的反射系数，一面空气、一面水负载固体板的反射系数相位不变，但反射系数的模值基本为 1，虽然在 Lamb 波临界角时也存在反射系数减小的情况，但这些角度的反射系数模值约等于 1。

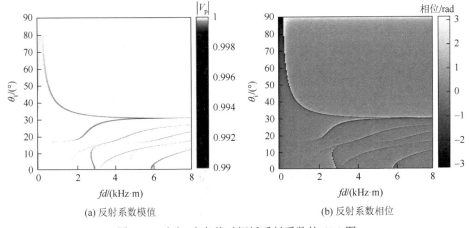

(a) 反射系数模值　　　　　　　　　　　　　(b) 反射系数相位

图 4.73　空气-水负载时钢板反射系数的 fd-θ_i 图

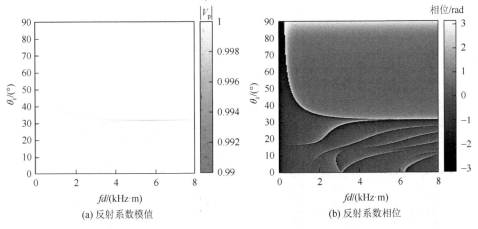

(a) 反射系数模值　　　　　　　　　　　　　(b) 反射系数相位

图 4.74　空气-水负载时铝板反射系数的 fd-θ_i 图

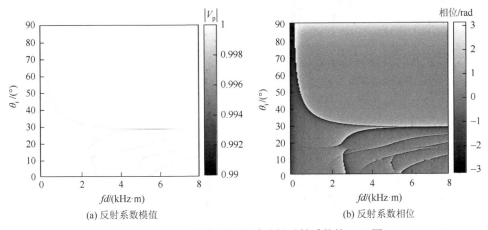

(a) 反射系数模值　　　　　　　　　　　　　(b) 反射系数相位

图 4.75　空气-水负载时石英玻璃板反射系数的 fd-θ_i 图

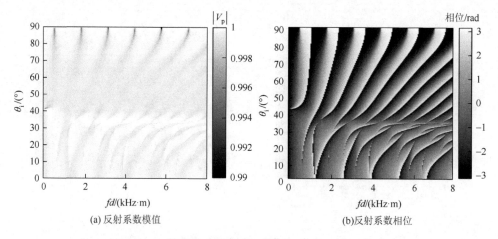

图 4.76　空气-水负载时有机玻璃板反射系数的 fd-θ_i 图

2. 空气夹层钢板二面角反射器目标强度

图 4.77～图 4.80 分别是板厚为 1cm、2cm、3.5cm 和 5cm 时一面空气、一面水负载钢板的反射系数模值和空气夹层钢板二面角反射器的目标强度，由于反射系数模值基本为 1，此时目标强度与绝对硬界面时基本一致。由于反射系数相位的变化，二面角反射器上一次反射波和二次反射波在叠加过程中与绝对硬界面有所不同，造成了在二次反射波强度减小的角度目标强度与绝对硬界面时略有差异。

图 4.81（b）为频率为 20kHz、板厚为 1cm 时，材质分别为钢板、铝板、石英玻璃板和有机玻璃板的空气夹层固体板二面角反射器的目标强度，此时有机玻璃板的目标强度也与刚性界面时基本一致。改变频率为 10kHz，结果如图 4.82 所示。

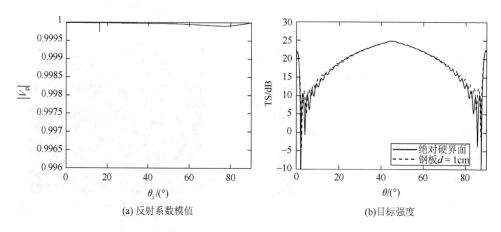

图 4.77　钢板厚 1cm 的二面角反射器

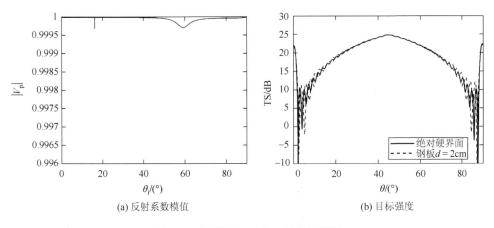

(a) 反射系数模值　　　　　　　　　　　(b) 目标强度

图 4.78　钢板厚 2cm 的二面角反射器

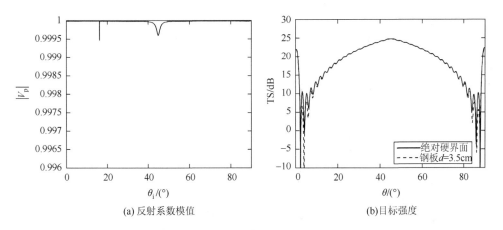

(a) 反射系数模值　　　　　　　　　　　(b)目标强度

图 4.79　钢板厚 3.5cm 的二面角反射器

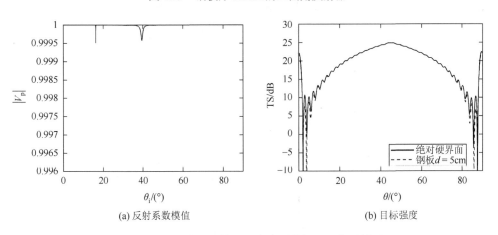

(a) 反射系数模值　　　　　　　　　　　(b) 目标强度

图 4.80　钢板厚 5cm 的空气夹层固体板二面角反射器

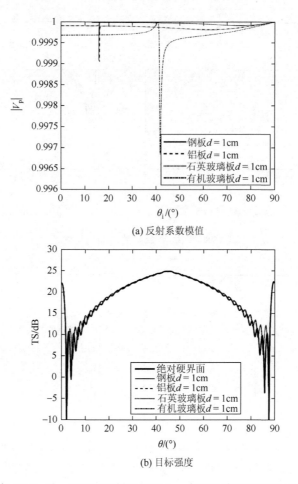

(a) 反射系数模值

(b) 目标强度

图 4.81　频率 20kHz 时，四种不同材质板厚 1cm 的空气夹层固体板二面角反射器

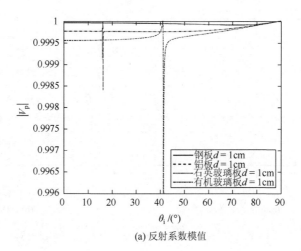

(a) 反射系数模值

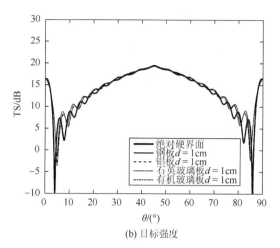

(b) 目标强度

图 4.82　频率 10kHz 时，四种不同材质板厚 1cm 的空气夹层固体板二面角反射器

4.3.3　绝对软边界反射面二面角反射器

当反射面为绝对软边界时，其反射系数为−1，即反射系数模值为 1，反射系数相位为 180°，根据空气夹层固体板的结果和分析可知，此时二面角反射器目标强度应与绝对硬边界时一致。图 4.83 为频率为 10kHz 和 20kHz 时绝对软边界反射面二面角反射器目标强度结果。

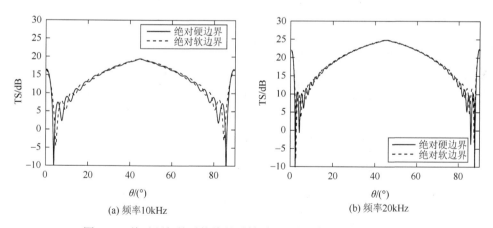

(a) 频率10kHz　　　　　　　　　　(b) 频率20kHz

图 4.83　绝对硬与绝对软边界反射面二面角反射器目标强度对比

4.4　本　章　小　结

本章介绍了二面角反射器散射声场的四种理论计算方法，分别为 Knott 公式

方法、Chen 公式方法、基于 Chen 公式的数值-解析计算方法和声束弹跳方法，前三种方法计算量小，只适合计算远场散射声场，最后一种方法计算量大，但可以计算近场区和过渡区声散射。针对分析的问题，应选择合适的方法进行散射声场计算。

在散射声场计算方法的研究基础上，本章分析了绝对硬边界时二面角反射器的回波亮点、目标强度、回波相位、瑞利距离特性，分析了二面夹角误差和平面度误差对回波的影响。

通过对固体板反射系数的计算和分析，本章进一步对非硬边界时水负载固体板反射面、空气夹层固体板反射面和绝对软反射面时二面角反射器的回波特性进行了计算和对比。水负载固体板反射面的二面角反射器目标强度随声波入射角的变化会出现突然减小的情况，不同材质板对应的目标强度不同；空气夹层固体板反射面和绝对软反射面的二面角反射器目标强度基本与理想绝对硬反射面情况时一致。

第5章 三面角反射器

三面角反射器是由三个相互垂直的面组成的，相比于二面角反射器，声波在三面角反射器上会经过三次反射后返回入射波方向，并且当声波从空间某一角度入射时，反射波照射到的反射面区域为不规则的多边形。不同的入射角度下多边形区域会随之改变，在数学上很难得到反射面区域的表达式，因此在计算三面角反射器目标强度时，采用数值方法得到反射面区域，进而计算其散射声场。

5.1 理论计算方法

5.1.1 数值-解析计算方法

三面角反射器的回波包含声波在三个面上的一次反射波、两个面之间的二次反射波和三个面之间的三次反射波。如图 5.1 所示为反射面为矩形和三角形时的三面角反射器示意图。

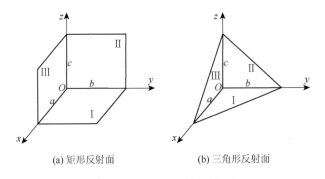

(a) 矩形反射面   (b) 三角形反射面

图 5.1 三面角反射器示意图

1. 一次反射波

声波在三面角反射器凹面所在象限内的任意角度入射时，回波中均包含三个反射面的散射回波，但当声波垂直于某个反射面入射时，回波中只有这个面的一次反射波。反射面为矩形时，可利用 4.1.2 节中矩形平面的散射计算公式得到散射声场势函数 Φ_{I}、Φ_{II} 和 Φ_{III}；反射面为三角形时可利用 2.3 节中板块元方法得到散射声场势函数 Φ_{I}、Φ_{II} 和 Φ_{III}。

因此，三面角反射器回波中的一次反射波 Φ_1 为

$$\Phi_1 = \Phi_{\text{I}} + \Phi_{\text{II}} + \Phi_{\text{III}} \qquad (5.1)$$

2. 二次反射波

声波在三面角反射器凹面所在象限内的任意角度入射时，回波中均包含任意两个反射面组成的二面角反射器的二次反射波，但当声波平行于某个反射面入射时，回波中只有另外两个面组成的二面角反射器的二次反射波。可利用 4.1.3 节基于 Chen 公式的数值-解析计算方法得到散射声场势函数 $\Phi_{\text{I}\to\text{II}}$、$\Phi_{\text{I}\to\text{III}}$、$\Phi_{\text{II}\to\text{I}}$、$\Phi_{\text{II}\to\text{III}}$、$\Phi_{\text{III}\to\text{I}}$、$\Phi_{\text{III}\to\text{II}}$。求解过程中，计算一次反射声波照射区域是其中的关键步骤之一，图 5.2 为空间坐标系，图 5.3 和图 5.4 分别是声波在矩形反射面和三角形反射面三面角反射器上反射时，面 I 的反射声波在面 II、面III上的照射区域。

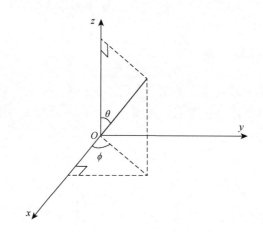

图 5.2　空间坐标系

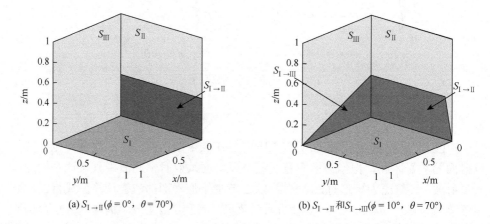

(a) $S_{\text{I}\to\text{II}}(\phi = 0°,\ \theta = 70°)$　　　　　(b) $S_{\text{I}\to\text{II}}$ 和 $S_{\text{I}\to\text{III}}(\phi = 10°,\ \theta = 70°)$

图 5.3　声波在矩形反射面三面角反射器上反射时，面 I 的反射声波在面 II、面III上的照射区域

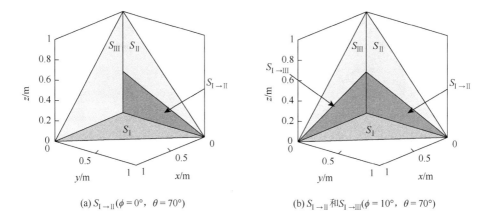

(a) $S_{I \to II}(\phi = 0°,\ \theta = 70°)$　　　　　　(b) $S_{I \to II}$ 和 $S_{I \to III}(\phi = 10°,\ \theta = 70°)$

图 5.4　声波在三角形反射面三面角反射器上反射时，面 I 的反射声波在面 II、面 III 上的照射区域

三面角反射器的二次反射波 Φ_2 为所有两个面之间的二次反射波的叠加：

$$\Phi_2 = \Phi_{I \to II} + \Phi_{I \to III} + \Phi_{II \to I} + \Phi_{II \to III} + \Phi_{III \to I} + \Phi_{III \to II} \qquad (5.2)$$

3. 三次反射波

声波在三面角反射器的凹面所在象限内以非垂直和非平行反射面的角度入射时，回波中主要成分为声波在三个面之间的三次反射。采用 4.1.3 节基于 Chen 公式数的值-解析计算方法得到散射声场势函数 $\Phi_{I \to II \to III}$、$\Phi_{I \to III \to II}$、$\Phi_{II \to I \to III}$、$\Phi_{II \to III \to I}$、$\Phi_{III \to I \to II}$、$\Phi_{III \to II \to I}$，此时的三次反射波对应的区域是声波在图 5.5 和图 5.6 中二次反射后照射的区域，分别为区域 $S_{I \to II \to III}$ 和 $S_{I \to III \to II}$（图 5.5 和图 5.6）。

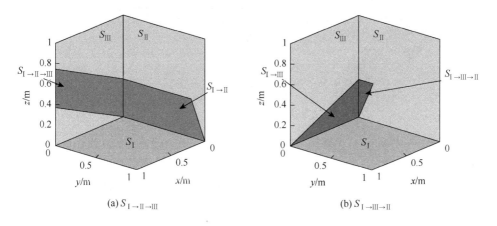

(a) $S_{I \to II \to III}$　　　　　　　　　　(b) $S_{I \to III \to II}$

图 5.5　声波在矩形反射面三面角反射器上二次反射后照射的区域（$\phi = 10°$，$\theta = 70°$）

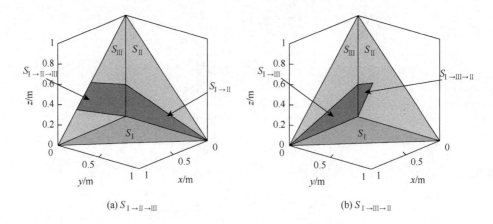

(a) $S_{\mathrm{I}\to\mathrm{II}\to\mathrm{III}}$　　　　　　　　　　　(b) $S_{\mathrm{I}\to\mathrm{III}\to\mathrm{II}}$

图 5.6　声波在三角形反射面三面角反射器上二次反射后照射的区域（$\phi = 10°$，$\theta = 70°$）

三面角反射器的三次反射波 $\boldsymbol{\Phi}_3$ 为所有三个反射面之间的三次反射波的叠加：

$$\boldsymbol{\Phi}_3 = \boldsymbol{\Phi}_{\mathrm{I}\to\mathrm{II}\to\mathrm{III}} + \boldsymbol{\Phi}_{\mathrm{I}\to\mathrm{III}\to\mathrm{II}} + \boldsymbol{\Phi}_{\mathrm{II}\to\mathrm{I}\to\mathrm{III}} + \boldsymbol{\Phi}_{\mathrm{II}\to\mathrm{III}\to\mathrm{I}} + \boldsymbol{\Phi}_{\mathrm{III}\to\mathrm{I}\to\mathrm{II}} + \boldsymbol{\Phi}_{\mathrm{III}\to\mathrm{II}\to\mathrm{I}} \qquad （5.3）$$

三面角反射器总的回波 $\boldsymbol{\Phi}$ 为一次、二次和三次反射波之和：

$$\boldsymbol{\Phi} = \boldsymbol{\Phi}_1 + \boldsymbol{\Phi}_2 + \boldsymbol{\Phi}_3 \qquad （5.4）$$

取 $a = b = c = 1\mathrm{cm}$，入射声波频率为 20kHz，图 5.7 和图 5.8 是声波入射角度在 $\phi \in [0°, 90°]$、$\theta \in [0°, 90°]$ 时，矩形反射面和三角形反射面三面角反射器的目标强度计算结果。

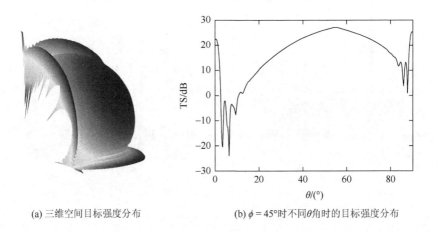

(a) 三维空间目标强度分布　　　　　　　(b) $\phi = 45°$ 时不同 θ 角时的目标强度分布

图 5.7　矩形反射面三面角反射器目标强度

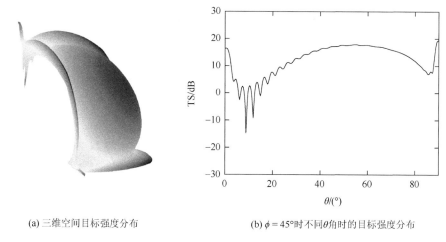

(a) 三维空间目标强度分布　　　　　　　　　　(b) $\phi = 45°$时不同θ角时的目标强度分布

图 5.8　三角形反射面三面角反射器目标强度

　　矩形反射面和三角形反射面的三面角反射器其反射面边缘均为直线，当反射面边缘为曲线时，可将边缘曲线离散化处理，用一系列小直线段近似代替曲面。以反射面为 1/4 圆面的三面角反射器（称为圆形反射面三面角反射器）为例，如图 5.9 所示。

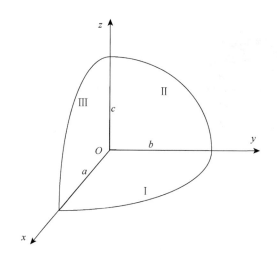

图 5.9　圆形反射面三面角反射器

　　此时，可利用上述相同方法得到反射声波照射区域，同时计算得到圆形反射面三面角反射器的目标强度。如图 5.10 所示为声波在圆形反射面三面角反射器上二次反射后照射的区域，图中为了显示边缘分段的效果取小直线段个数为 4。图 5.11

是取 $a=b=c=1\text{cm}$、入射声波频率为 20kHz 时的目标强度计算结果，其中，边缘曲线离散化的小直线段长度 Δd 等于波长 λ。

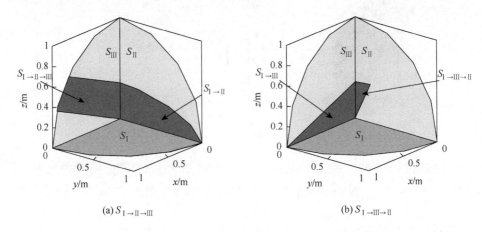

(a) $S_{\text{I}\to\text{II}\to\text{III}}$　　　　　　　　　　　　(b) $S_{\text{I}\to\text{III}\to\text{II}}$

图 5.10　声波在圆形反射面三面角反射器上二次反射后照射的区域（$\phi=10°$，$\theta=70°$）

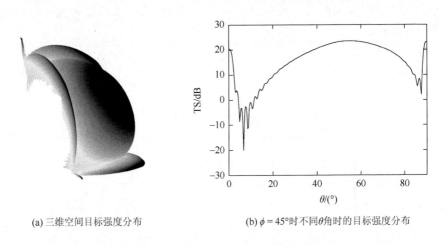

(a) 三维空间目标强度分布　　　　　　　(b) $\phi=45°$ 时不同 θ 角时的目标强度分布

图 5.11　圆形反射面三面角反射器目标强度

　　边缘曲线离散化的稀疏程度将会影响目标强度的计算精度，图 5.12（a）给出了 $\phi=45°$，Δd 分别为 λ、5λ 和 10λ 时的目标强度计算结果，图 5.12（b）给出了 $\phi=45°$、$\theta=55°$ 时目标强度随 $\Delta d/\lambda$ 变化的结果。可以看出，随着 $\Delta d/\lambda$ 的增大，离散化引起的误差将会逐渐增大；当 $\Delta d/\lambda<2$ 时，目标强度趋于稳定不变，因此进行边缘曲线离散化时，可取 $\Delta d=\lambda$ 时的结果近似为圆形反射面三面角反射器的目标强度。

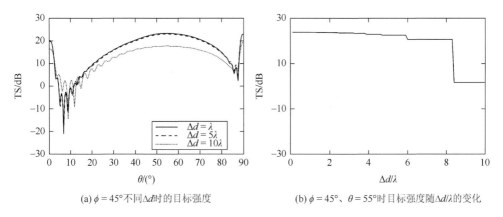

(a) $\phi = 45°$ 不同 Δd 时的目标强度　　　　　　(b) $\phi = 45°$、$\theta = 55°$ 时目标强度随 $\Delta d/\lambda$ 的变化

图 5.12　边缘曲线离散化的稀疏程度对计算结果的影响

5.1.2　利用声束弹跳方法的数值计算

本节采用第 3 章声束弹跳方法计算三面角反射器的目标强度。对于矩形反射面、三角形反射面和圆形反射面的三面角反射器，取参数为 $a = b = c = 1\text{cm}$，由于反射面均为规则平面，因此可采用 BSM 方法构建二次和三次反射面元，结果如图 5.13～图 5.15 所示，分别为面 I 反射声波在其他两个面上照射区域 $S_{\text{I} \to \text{II}}$ 和 $S_{\text{I} \to \text{III}}$，以及再次反射后的照射区域 $S_{\text{I} \to \text{II} \to \text{III}}$ 和 $S_{\text{I} \to \text{III} \to \text{II}}$。

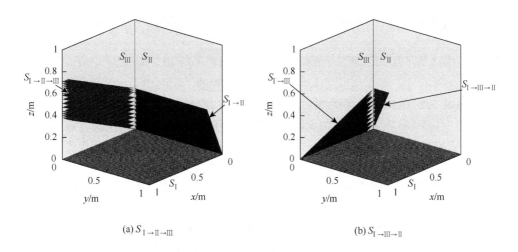

(a) $S_{\text{I} \to \text{II} \to \text{III}}$　　　　　　　　　　　(b) $S_{\text{I} \to \text{III} \to \text{II}}$

图 5.13　矩形反射面三面角反射器上的三次反射（$\phi = 10°$，$\theta = 70°$）（一）

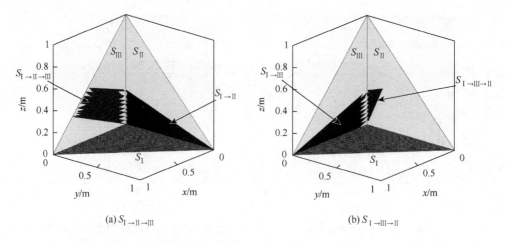

图 5.14　三角形反射面三面角反射器上的三次反射（$\phi = 10°$，$\theta = 70°$）（一）

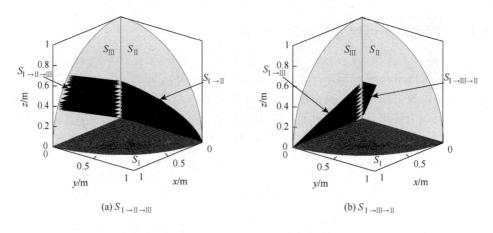

图 5.15　圆形反射面三面角反射器上的三次反射（$\phi = 10°$，$\theta = 70°$）（一）

　　BSM 方法在处理边缘处照射区域时会舍去部分未被完全照射的面元，因此图 5.13～图 5.15 中存在反射面元缺失的问题，可通过减小面元尺度的方法减小面元缺失带来的计算误差。图 5.16 为频率是 7.5kHz 和 20kHz 不同面元尺度时三角形反射面三面角反射器目标强度计算结果，相对于数值-解析计算方法的计算结果，目标强度整体上有所减小，表 5.1 为相对于数值-解析计算方法结果的均方根误差。

　　相比二面角反射器，声波在三面角反射器上多进行了一次面间反射，声束弹跳方法在计算过程中每进行一次反射面元构建都会带来计算误差，多一次面间反射过程，会造成误差的积累，因此对于二面角反射器和三面角反射器，在相同的频率和相同面元尺度时，表 5.1 比表 4.1 的误差大。

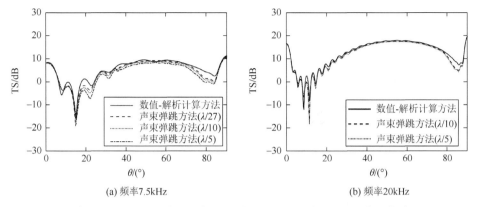

(a) 频率7.5kHz

(b) 频率20kHz

图 5.16   不同面元尺度时三角形反射面三面角反射器目标强度计算结果

表 5.1   声束弹跳方法相对于数值-解析计算方法计算三角形反射面三面角反射器目标强度的均方根误差

频率/kHz	均方根误差（λ/5）	均方根误差（λ/10）	均方根误差（λ/27）
7.5	2.38	1.64	1.28
20	1.45	1.22	—

由于在反射面元构建过程中忽略了边缘处被声束照射到一部分区域的面元，计算结果存在误差，如果要避免这种误差，必须要对部分照射的面元进行面元剪裁，使被照射到的区域重新构成反射面元并保留。因此可采用 3.2.3 节中面元剪裁构建法得到反射面元，结果如图 5.17～图 5.19 所示。此时反射面元所占据的区域与如图 5.5、图 5.6 和图 5.10 所示的数值-解析计算方法的结果一致，但在进行目标强度计算时，数值-解析计算方法只需对一个大的反射面元进行积分计算，声束弹跳方法需要对大量小的反射面元积分计算后求和得到。

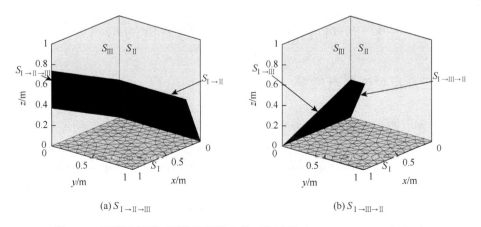

(a) $S_{I\to II\to III}$

(b) $S_{I\to III\to II}$

图 5.17   矩形反射面三面角反射器上的三次反射（$\phi = 10°$，$\theta = 70°$）（二）

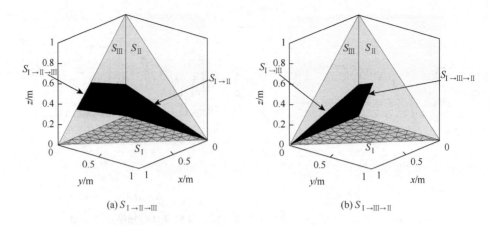

(a) $S_{\mathrm{I}\to\mathrm{II}\to\mathrm{III}}$　　　　　　　　　　　(b) $S_{\mathrm{I}\to\mathrm{III}\to\mathrm{II}}$

图 5.18　三角形反射面三面角反射器上的三次反射（$\phi = 10°$，$\theta = 70°$）（二）

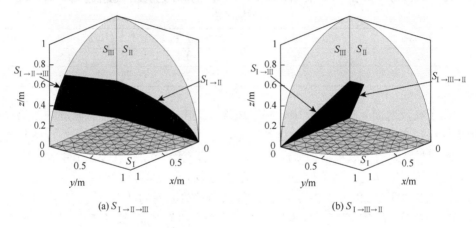

(a) $S_{\mathrm{I}\to\mathrm{II}\to\mathrm{III}}$　　　　　　　　　　　(b) $S_{\mathrm{I}\to\mathrm{III}\to\mathrm{II}}$

图 5.19　圆形反射面三面角反射器上的三次反射（$\phi = 10°$，$\theta = 70°$）（二）

5.2　绝对硬边界三面角反射器回波特性

5.2.1　三次反射波亮点位置

　　声波在三面角反射器上经过了三次反射返回入射声波方向，与 4.2.1 节中分析二面角反射器的二次反射波亮点位置相同，通过分析三次反射声波的声程得到其亮点位置。图 5.20 给出了 $\phi = 45°$、$\theta = 54.7°$时的声线轨迹，其中点线为面间反射声线轨迹，实线是三面角反射器顶点处的声线轨迹。通过计算可知，角反射器上最终的反射声线与波阵面垂直，即平行于入射声线。

　　令声波从不同的角度入射，并取某一位置处的波阵面为基准平面，分别计算

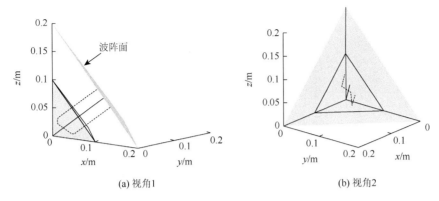

(a) 视角1   (b) 视角2

图 5.20 三面角反射器上的声线轨迹（$\phi = 45°$，$\theta = 54.7°$）

面间反射声线和顶点处声线的声程，如图 5.21 所示。从图中可以看出，两者的声程相同，即三面角反射器上三次反射波的亮点位置可认为是在其顶点位置处。

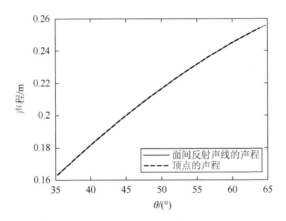

图 5.21 不同声波入射方向时的声程对比

5.2.2 目标强度

通过对二面角反射器声学中心和三面角反射器亮点位置的分析，可知三面角反射器的声学中心为其顶点位置，进而由式（4.35）得到目标强度。

5.1 节中分别给出了 $a = b = c$ 时正方形反射面、三角形反射面和圆形反射面三面角反射器的目标强度计算结果，重新给出三种反射体的结果，如图 5.22 所示。从图中可以看出，不同反射面的三面角反射器目标强度角度分布特性不同，正方形反射面目标强度最大，这是由于正方形反射面的面积最大，可形成三次反射回波的波阵面截面积最大。如图 5.23 所示为三种角反射器在入射声波角度 $\phi = 45°$、$\theta = 54.7°$时，三次反射波对应的波阵面截面积。

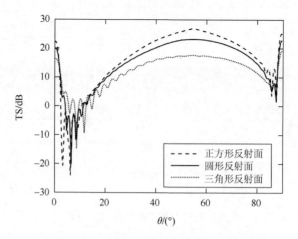

图 5.22　不同反射面三面角反射器目标强度对比

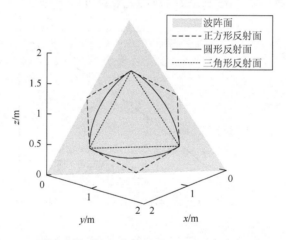

图 5.23　不同反射面的三次反射波对应的波阵面截面积对比

对于同一个角反射器，不同声波入射角时的波阵面截面积也不相同，在 $\phi = 45°$、$\theta = 54.7°$ 时达到最大，如图 5.23 所示，此时三次反射波的目标强度达到最大值。以 $\theta = 54.7°$ 为中心，可得到目标强度下降 3dB 的角度范围，如表 5.2 所示。

表 5.2　三面角反射器–3dB 角度范围

反射面类型	–3dB 角度范围
正方形反射面	23°
圆形反射面	31°
三角形反射面	39°

　　以三次反射波的目标强度最大值为参考对所有角度的目标强度进行归一化，由空间一个象限内所有角度时的目标强度计算结果，可得到归一化目标强度的经验累积分布函数 $F(a)$。图 5.24（a）是只统计三次反射波目标强度的经验累积分布，图 5.24（b）是所有反射回波目标强度的经验累积分布。表 5.3 为不同形状反射面三面角反射器性能比较。三角形反射面的 TS＞–3dB 和 TS＞–10dB 目标强度经验累积分布概率值在三种角反射器中最大。

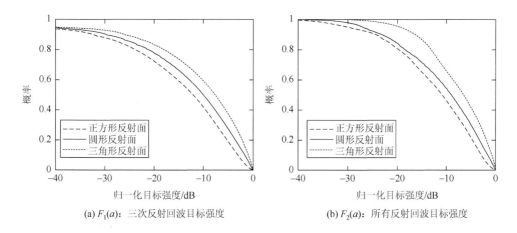

(a) $F_1(a)$：三次反射回波目标强度　　　　　(b) $F_2(a)$：所有反射回波目标强度

图 5.24　归一化目标强度经验累积分布 $F(a)$

表 5.3　不同形状反射面三面角反射器性能比较

反射面类型		正方形反射面	圆形反射面	三角形反射面
概率值 （TS＞–3dB）	$F_1(a)$	10%	17%	26%
	$F_2(a)$	10%	18%	29%
概率值 （TS＞–10dB）	$F_1(a)$	42%	50%	59%
	$F_2(a)$	46%	54%	66%

　　不同形状反射面三面角反射器具有不同的目标强度空间分布，下面分析几种异形反射面情况时的目标强度分布特性。

1. 非对称反射面三面角反射器

　　以矩形反射面为例，首先令 $a = b \neq c$，取 $a = b = 1$m，c 分别取 0.5m 和 1.5m，几何结构如图 5.25 所示。取声波频率为 20kHz，分别得到目标强度计算结果，如图 5.26 和图 5.27 所示。c 值的不同，导致了目标强度最大值在角度 θ 上发生了偏移，

$c<a$ 时目标强度最大值向 $\theta>54.7°$ 方向偏移，$c>a$ 时目标强度最大值向 $\theta<54.7°$ 方向偏移。

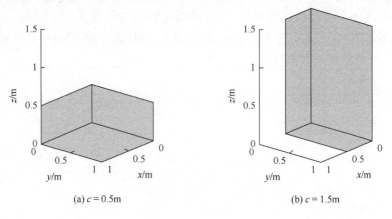

(a) $c = 0.5\mathrm{m}$ 　　　　　　　　　　　(b) $c = 1.5\mathrm{m}$

图 5.25　非对称矩形反射面三面角反射器（$a = b \neq c$）

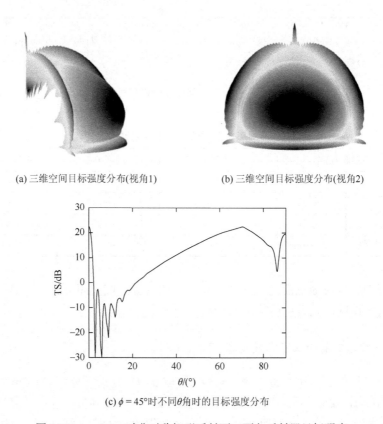

(a) 三维空间目标强度分布(视角1)　　　　　(b) 三维空间目标强度分布(视角2)

(c) $\phi = 45°$ 时不同 θ 角时的目标强度分布

图 5.26　$c = 0.5\mathrm{m}$ 时非对称矩形反射面三面角反射器目标强度

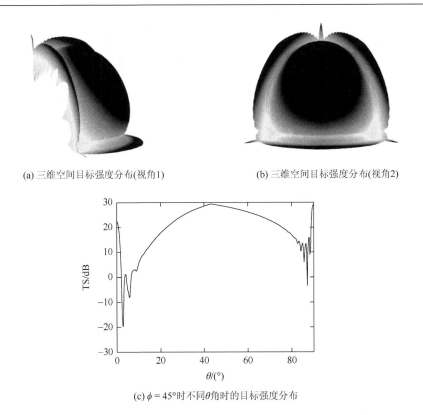

(a) 三维空间目标强度分布(视角1)　　　　　　　　(b) 三维空间目标强度分布(视角2)

(c) $\phi = 45°$时不同θ角时的目标强度分布

图 5.27　$c = 1.5\text{m}$ 时非对称矩形反射面三面角反射器目标强度

令 $a \neq b \neq c$，取 $a = 0.5\text{m}$、$b = 1\text{m}$、$c = 1.5\text{m}$，几何结构如图 5.28 所示。取声波频率为 20kHz，得到的目标强度计算结果如图 5.29 所示。

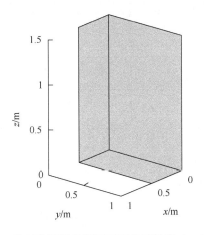

图 5.28　非对称矩形反射面三面角反射器（$a \neq b \neq c$）

(a) 目标强度分布(视角1)　　　　　　　　(b) 目标强度分布(视角2)

图 5.29　$a=0.5$m、$b=1$m、$c=1.5$m 时非对称矩形反射面三面角反射器三维空间目标强度分布

由以上结果可以看出，当 $a=b\neq c$ 时，三维空间目标强度以 $\phi=45°$ 对称分布，但相对于对称反射面 $a=b=c$ 情况时，目标强度最大值在 θ 角上发生了偏移；当 $a\neq b\neq c$ 时，三维空间目标强度为空间非对称分布，目标强度最大值在 θ 角和 ϕ 角上都发生了偏移。

2. 无三面顶点三面角反射器

以三角形反射面为例，削去反射面直角处的部分面积，得到一个无三面顶点三面角反射器，几何结构示意图如图 5.30 所示，三条虚线的长度均为 d。令 $a=b=c=1$m，d 分别为 0.2m、0.4m、0.6m。取声波频率为 20kHz，分别得到三维空间目标强度计算结果如图 5.31～图 5.33 所示。图 5.34 为 $\phi=45°$ 时无三面顶点三面角反射器目标强度的对比图。

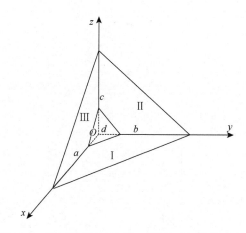

图 5.30　无三面顶点三面角反射器几何结构示意图

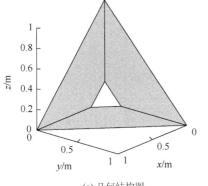

(a) 几何结构图

(b) 三维空间目标强度分布

图 5.31　无三面顶点三面角反射器（$d = 0.2$m）

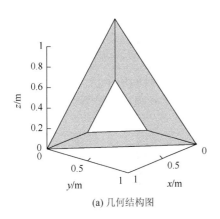

(a) 几何结构图

(b) 三维空间目标强度分布

图 5.32　无三面顶点三面角反射器（$d = 0.4$m）

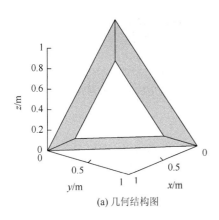

(a) 几何结构图

(b) 三维空间目标强度分布

图 5.33　无三面顶点三面角反射器（$d = 0.6$m）

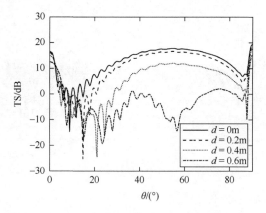

图 5.34　$\phi = 45°$时不同 d 值时目标强度对比（一）

　　由以上计算结果可以看出，随着 d 值的增大，参与声波反射的面积减小，目标强度也减小；当 d 值增大到一定程度时，在原来目标强度最大角度的回波强度将迅速减小。图 5.35 给出了 d 分别为 0.2m 和 0.4m 时归一化目标强度的经验累积分布。从图中结果可得目标强度大于−3dB、−10dB 时的概率值，见表 5.4。无三面顶点三面角反射器的 TS＞−3dB 和 TS＞−10dB 目标强度经验累积分布概率值随 d 的增大而减小。

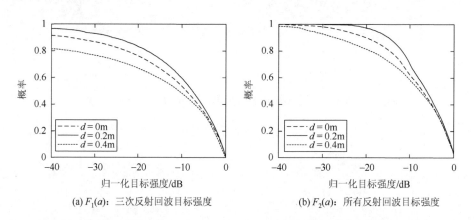

(a) $F_1(a)$：三次反射回波目标强度　　　　　　　(b) $F_2(a)$：所有反射回波目标强度

图 5.35　无三面顶点三面角反射器归一化目标强度经验累积分布 $F(a)$

表 5.4　不同 d 值无三面顶点三面角反射器性能比较

反射面类型		$d = 0\text{m}$（三角形反射面）	$d = 0.2\text{m}$	$d = 0.4\text{m}$
概率值（TS＞−3dB）	$F_1(a)$	26%	24%	22%
	$F_2(a)$	29%	26%	25%
概率值（TS＞−10dB）	$F_1(a)$	59%	53%	48%
	$F_2(a)$	66%	59%	55%

3. 无二面顶点三面角反射器

以三角形反射面为例，削去反射面 45°角处的部分面积，得到一个无二面顶点三面角反射器，几何结构示意图如图 5.36 所示。令 $a=b=c=1\mathrm{m}$，反射面直角边实际长度为 $a-d$，取声波频率为 20kHz，取 d 分别为 0.2m、0.4m、0.5m 时，无二面顶点三面角反射器的几何结构和三维空间目标强度计算结果分别如图 5.37～图 5.39 所示。图 5.40 为 $\phi=45°$时无二面顶点三面角反射器目标强度的对比图。

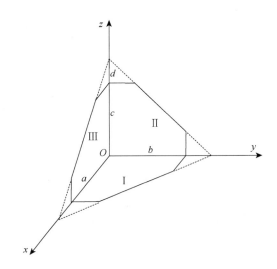

图 5.36　无二面顶点三面角反射器几何结构示意图

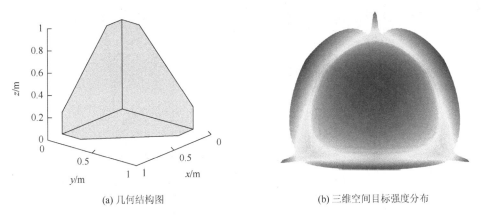

(a) 几何结构图　　　　　　　　　　　　(b) 三维空间目标强度分布

图 5.37　无二面顶点三面角反射器（$d=0.2\mathrm{m}$）

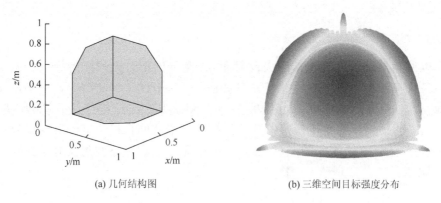

(a) 几何结构图　　　　　　　　　　(b) 三维空间目标强度分布

图 5.38　无二面顶点三面角反射器（$d = 0.4$m）

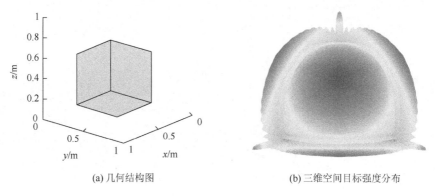

(a) 几何结构图　　　　　　　　　　(b) 三维空间目标强度分布

图 5.39　无二面顶点三面角反射器（$d = 0.5$m）

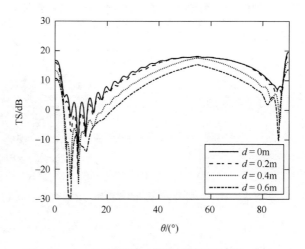

图 5.40　$\phi = 45°$时不同 d 值时目标强度对比（二）

由以上计算结果可以看出，随着 d 值的增大，参与声波反射的面积减小，整体的目标强度也减小；随着 d 值的增大，反射面越趋近于正方形反射面，目标强度越接近正方形反射面的空间角度分布特性。图 5.41 给出了 d 分别为 0.2m、0.4m 和 0.5m 时目标强度的经验累积分布。从图中可得目标强度大于–3dB、–10dB 时的概率值，见表 5.5，其概率值也是随着 d 值的增大而减小的。

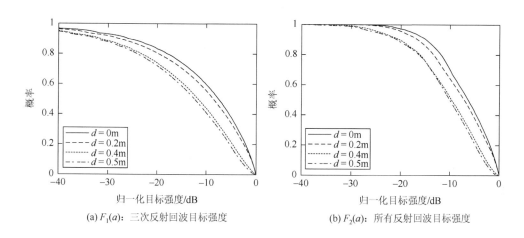

图 5.41　无二面顶点三面角反射器归一化目标强度经验累积分布 $F(a)$

表 5.5　不同 d 值无二面顶点三面角反射器性能比较

反射面类型		$d=0\text{m}$ 三角形反射面	$d=0.2\text{m}$	$d=0.4\text{m}$	$d=0.5\text{m}$ 正方形反射面
概率值（TS＞–3dB）	$F_1(a)$	26%	23%	12%	10%
	$F_2(a)$	29%	25%	13%	10%
概率值（TS＞–10dB）	$F_1(a)$	59%	55%	44%	41%
	$F_2(a)$	66%	61%	50%	46%

4. 边缘内凹三面角反射器

相对于三角形反射面三面角反射器，当边缘内凹时，称为边缘内凹三面角反射器，图 5.42 为其几何结构示意图。令 $a=b=c=1\text{m}$，d 分别为 0.2m、0.3m 和 0.4m，其中 $d<a\left(\sin\dfrac{\pi}{4}\right)^2$。取声波频率为 20kHz，分别得到三维空间目标强度计算结果如图 5.43～图 5.45 所示。图 5.46 为 $\phi=45°$ 时的目标强度对比图。

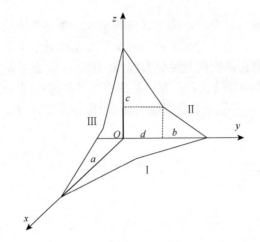

图 5.42　边缘内凹三面角反射器几何结构示意图

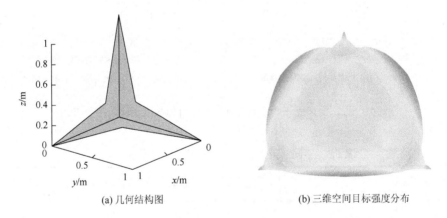

(a) 几何结构图　　　　　　　　　(b) 三维空间目标强度分布

图 5.43　边缘内凹三面角反射器（$d = 0.2\text{m}$）

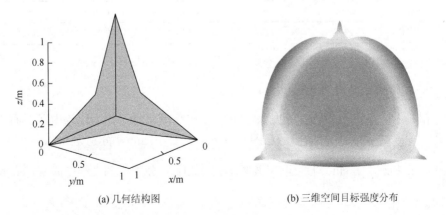

(a) 几何结构图　　　　　　　　　(b) 三维空间目标强度分布

图 5.44　边缘内凹三面角反射器（$d = 0.3\text{m}$）

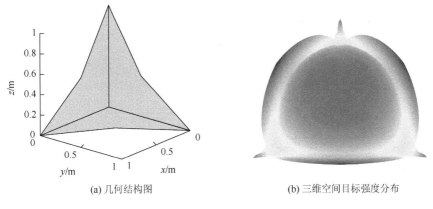

(a) 几何结构图　　　　　　　　　　(b) 三维空间目标强度分布

图 5.45　边缘内凹三面角反射器（$d = 0.4\text{m}$）

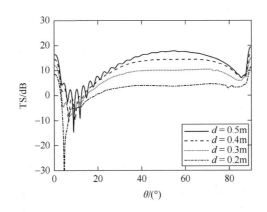

图 5.46　$\phi = 45°$时不同 d 值时目标强度对比（三）

由以上计算结果可以看出，随着 d 值的减小，参与声波反射的面积减小，整体的目标强度也减小，目标强度在空间角度内的分布更加均匀；d 值越大，目标强度越接近三角形反射面角反射器的空间角度分布特性。图 5.47 给出了 d 分别为 0.2m、0.3m、0.4m、0.5m 时归一化目标强度的经验累积分布。从图中可得目标强度大于 −3dB 和 −10dB 时的概率值，见表 5.6，概率值随着 d 值的减小（内凹程度越大）而增大。

5.2.3　回波相位

本节以三角形反射面三面角反射器为例分析回波相位。图 5.48 给出了 $\phi = 45°$、$a = b = c$ 时三面角反射器回波相位和目标强度的 $ka\text{-}\theta$ 角度图，图 5.49～图 5.51 分别是回波中一次、二次和三次反射波的回波相位和目标强度的 $ka\text{-}\theta$ 角度图。三次

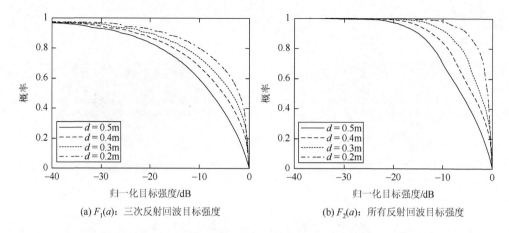

(a) $F_1(a)$：三次反射回波目标强度   (b) $F_2(a)$：所有反射回波目标强度

图 5.47　边缘内凹三面角反射器归一化目标强度经验累积分布 $F(a)$

表 5.6　不同 *d* 值边缘内凹三面角反射器性能比较

反射面类型		$d=0.5\text{m}$ 三角形反射面	$d=0.4\text{m}$	$d=0.3\text{m}$	$d=0.2\text{m}$
概率值（TS>−3dB）	$F_1(a)$	26%	39%	47%	57%
	$F_2(a)$	29%	44%	55%	81%
概率值（TS>−10dB）	$F_1(a)$	59%	68%	73%	80%
	$F_2(a)$	66%	83%	92%	98%

反射波在 θ 角度范围内相位一致，图 5.48 中目标强度随角度变化存在起伏，这是由多次反射回波干涉叠加引起的，由于一次和二次反射波较弱，其相位干涉对回波强度的影响较小。

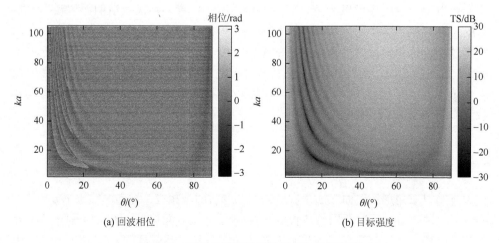

(a) 回波相位   (b) 目标强度

图 5.48　三面角反射器回波相位与目标强度

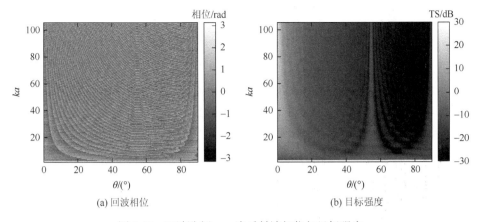

(a) 回波相位　　　　　　　　　　　　　(b) 目标强度

图 5.49　回波分解：一次反射波相位与目标强度

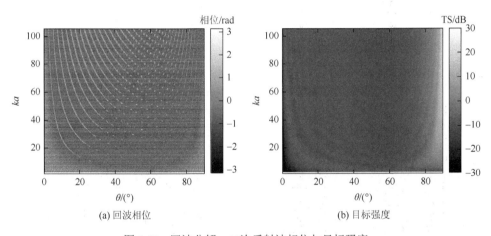

(a) 回波相位　　　　　　　　　　　　　(b) 目标强度

图 5.50　回波分解：二次反射波相位与目标强度

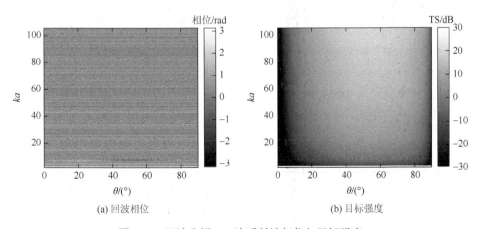

(a) 回波相位　　　　　　　　　　　　　(b) 目标强度

图 5.51　回波分解：三次反射波相位与目标强度

5.2.4　瑞利距离

与二面角反射器相同，三面角反射器散射声场同样存在声场干涉的菲涅耳衍射区（近场）和符合球面波衰减的夫琅禾费区（远场），接收点位置处于瑞利距离附近的过渡区时目标强度的结果存在误差。因此在测量三面角反射器目标强度时，仍需根据反射体尺寸和声波频率确定接收点的位置距离。

1. 三角形反射面三面角反射器

取三角形反射面三面角反射器参数为 $a = b = c = 1m$，即每个反射面为直角三角形，入射声波角度 $\phi = 45°$、$\theta = 54.7°$，入射声波频率 7.5kHz。计算收发分置时的目标强度，假设声源距离三面角顶点 100m，入射波近似为平面波。目标强度计算结果如图 5.52 所示，由图 5.52（a）可以得到，此时瑞利距离 R_e 为 1.40m。

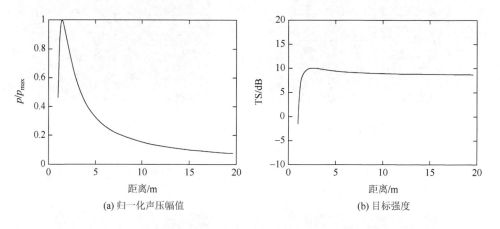

(a) 归一化声压幅值　　　　　　　　　　　(b) 目标强度

图 5.52　声源距离 100m，接收点在不同接收距离时的计算结果（一）

以收发距离均为 100m 时，三角形反射面三面角反射器的目标强度作为理论值，$TS_{理论} = 8.76dB$，表 5.7 为几个不同距离处的误差值。

表 5.7　三角形反射面三面角反射器不同距离处目标强度误差

距离/m	$R_e = 1.40$	$2R_e = 2.80$	$4R_e = 5.60$	$6R_e = 8.40$	$8R_e = 11.20$	$10R_e = 14.00$
$\Delta TS/dB$	−0.45	1.45	0.75	0.46	0.32	0.24

2. 正方形反射面三面角反射器

取正方形反射面三面角反射器参数为 $a=b=c=1\text{m}$，即每个反射面为正方形，入射声波角度 $\phi=45°$、$\theta=54.7°$，入射声波频率 7.5kHz。计算收发分置的目标强度，假设声源距离二面角顶点 100m，入射波近似为平面波。目标强度计算结果如图 5.53（b）所示，由图 5.53（a）可以得到，此时瑞利距离为 3.75m。

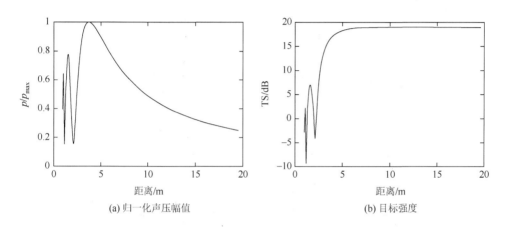

(a) 归一化声压幅值　　　　　　　　　　(b) 目标强度

图 5.53　声源距离 100m，接收点在不同接收距离时的计算结果（二）

以收发距离均为 100m 时，正方形反射面三面角反射器的目标强度作为理论值，$\text{TS}_{理论}=8.76\text{dB}$，表 5.8 为几个不同距离处的相对误差值。

表 5.8　正方形反射面三面角反射器不同距离处目标强度误差

距离/m	$R_e=3.75$	$2R_e=7.50$	$4R_e=15.00$	$6R_e=22.50$	$8R_e=30.00$	$10R_e=37.50$
$\Delta\text{TS/dB}$	−2.02	0.20	0.28	0.21	0.17	0.14

3. 圆形反射面三面角反射器

取圆形反射面三面角反射器参数为 $a=b=c=1\text{m}$，即每个反射面为 1/4 圆面，入射声波角度 $\phi=45°$、$\theta=54.7°$，入射声波频率 7.5kHz。计算收发分置的目标强度，假设声源距离二面角顶点 100m，入射波近似为平面波。目标强度计算结果如图 5.54 所示，由图 5.54（a）可以得到，此时瑞利距离为 3.03m。

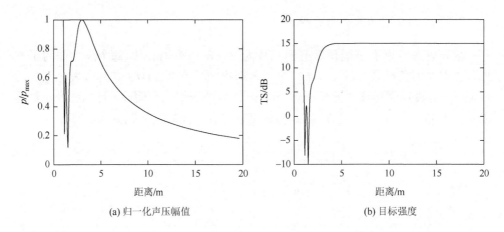

(a) 归一化声压幅值　　　　　　　　　　　(b) 目标强度

图 5.54　声源距离 100m，接收点在不同接收距离时的计算结果（三）

以收发距离均为 100m 时，圆形反射面三面角反射器的目标强度作为理论值，$\mathrm{TS}_{理论} = 14.98\mathrm{dB}$，表 5.9 为几个不同距离处的相对误差值。

表 5.9　圆形反射面三面角反射器不同距离处目标强度误差

距离/m	$R_e = 3.03$	$2R_e = 6.06$	$4R_e = 12.12$	$6R_e = 18.18$	$8R_e = 24.24$	$10R_e = 30.30$
ΔTS/dB	−1.27	0.09	0.09	0.08	0.07	0.06

4. 瑞利距离近似估计

由以上计算结果发现，对于不同反射面形状的三面角反射器，虽然尺寸参数和声波频率均相同，但瑞利距离不同，其中，正方形反射面的瑞利距离最大，三角形反射面的瑞利距离最小。

在入射声波角度为 $\phi = 45°$、$\theta = 54.7°$ 时，过三面顶点和距离零点最远的角反射器反射面顶点或切点的投影面，分别称为投影面 1 和投影面 2。三角形反射面三面角反射器的投影面为等边三角形面，正方形反射面三面角反射器的投影面为等边六边形面，圆形反射面三面角反射器的投影面是边缘为弧形的三角形面。通过对投影面进行面元划分，利用板块元方法计算得到归一化声压幅值，分别如图 5.55～图 5.57 所示，其中浅灰色面和实线为投影面 1 及其归一化声压幅值，深灰色面和虚线为投影面 2 及其归一化声压幅值。

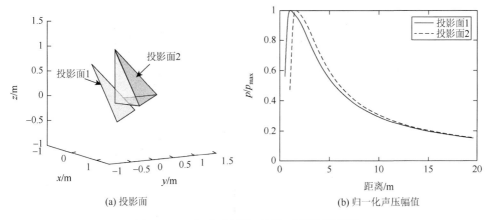

(a) 投影面　　　　　　　　　　　　　(b) 归一化声压幅值

图 5.55　三角形反射面三面角反射器投影面

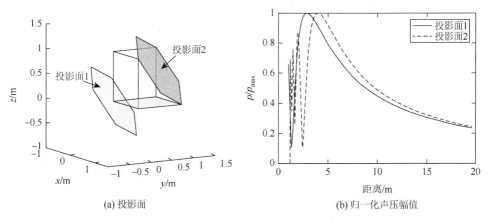

(a) 投影面　　　　　　　　　　　　　(b) 归一化声压幅值

图 5.56　正方形反射面三面角反射器投影面

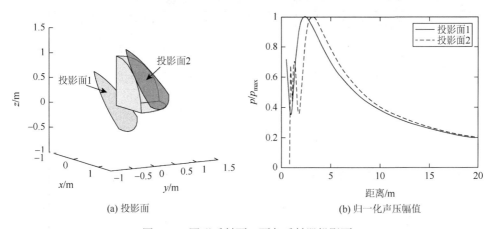

(a) 投影面　　　　　　　　　　　　　(b) 归一化声压幅值

图 5.57　圆形反射面三面角反射器投影面

在 4.2.4 节分析二面角反射器瑞利距离时，可近似用其投影面 1 的外切圆面的瑞利距离作为近似，对于三面角反射器，以上三种角反射器投影面 1 的外切圆面相同，如图 5.58 所示。由式（4.47）或数值计算可得外切圆面的瑞利距离为 3.32m。对比三种角反射器及其投影面、投影面外切圆面的瑞利距离，重新整理至表 5.10～表 5.12。可以看出，此时如果用投影面 1 的外切圆面的瑞利距离作为近似，会存在较大误差，投影面 2 的瑞利距离可作为不同角反射器瑞利距离的近似。

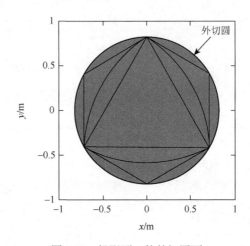

图 5.58　投影面 1 的外切圆面

表 5.10　三角形反射面三面角反射器及其投影面的瑞利距离

名称	三角形反射面三面角反射器	投影面 1	投影面 2	投影面 1 的外切圆面
R_e/m	1.40	1.05	1.60	3.32

表 5.11　正方形反射面三面角反射器及其投影面的瑞利距离

名称	正方形反射面三面角反射器	投影面 1	投影面 2	投影面 1 的外切圆面
R_e/m	3.75	2.85	3.95	3.32

表 5.12　圆形反射面三面角反射器及其投影面的瑞利距离

名称	圆形反射面三面角反射器	投影面 1	投影面 2	投影面 1 的外切圆面
R_e/m	3.03	2.35	3.10	3.32

5.2.5　角度误差的影响

本节以三角形反射面三面角反射器为例分析角度误差的影响，分别从两个面存在角度误差和三个面均存在角度误差进行分析。

1. 两个面存在角度误差

如图 5.59 所示，令面 II 和面III夹角为 90°，面 I 的直角边分别在 xOz 面和 yOz 面，直角边与 x 轴、y 轴的夹角为 α，对应面 I 与面 II、面 I 与面III的夹角为 β。图 5.60 给出了声波频率 20kHz，β 分别为 87°、88°、89°、91°、92°、93°时三维空间目标强度分布。由于角度误差的存在，目标强度整体均有所减小，且空间分布发生了改变。

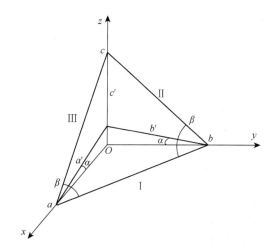

图 5.59　面 I 与其他两个面存在角度误差时三面角反射器示意图

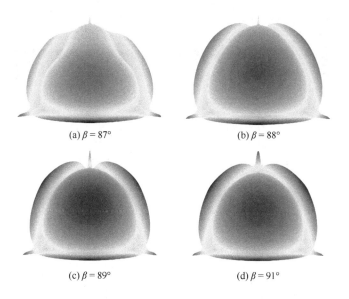

(a) $\beta = 87°$　　　　　　　　　　　(b) $\beta = 88°$

(c) $\beta = 89°$　　　　　　　　　　　(d) $\beta = 91°$

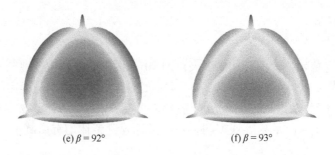

(e) $\beta = 92°$　　　　　　　　　　(f) $\beta = 93°$

图 5.60　面 I 与其他两个面存在角度误差时的三维空间目标强度分布

　　图 5.61 是声波频率分别为 20kHz 和 7.5kHz、$\phi = 45°$时不同角度误差时的目标强度对比，图 5.62 为角度 $\phi = 45°$、$\theta = 54.7°$时的目标强度随角度误差变化的曲线。

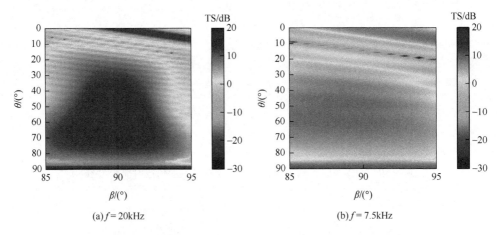

(a) $f = 20$kHz　　　　　　　　　　　　(b) $f = 7.5$kHz

图 5.61　$\phi = 45°$时不同角度误差时的目标强度对比（一）（彩图扫封底二维码）

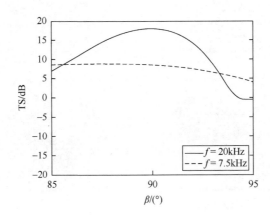

图 5.62　$\phi = 45°$、$\theta = 54.7°$时不同角度误差时的目标强度对比（一）

2. 三个面存在角度误差

如图 5.63 所示，令所有反射面的"直角"边均与对应轴线的夹角为 α，每两个面的夹角为 β。图 5.64 给出了不同 β 值时的三维空间目标强度分布，目标强度进一步减小，同时空间分布也更加不均匀。

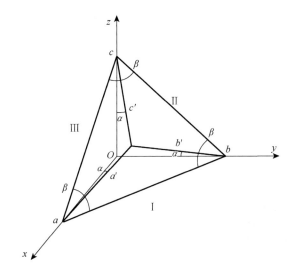

图 5.63　三个面均存在角度误差时三面角反射器示意图

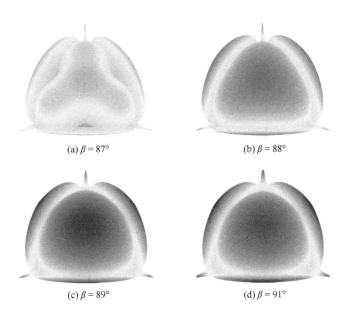

(a) $\beta = 87°$　　　　　　　　　　(b) $\beta = 88°$

(c) $\beta = 89°$　　　　　　　　　　(d) $\beta = 91°$

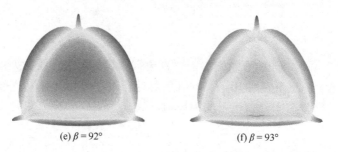

(e) $\beta = 92°$　　　　　　　(f) $\beta = 93°$

图 5.64　三个面均存在角度误差时的三维空间目标强度分布

　　图 5.65 是声波频率分别为 20kHz 和 7.5kHz、$\phi = 45°$时不同角度误差时的目标强度对比，图 5.66 为角度 $\phi = 45°$、$\theta = 54.7°$时的目标强度随角度误差变化的曲线。

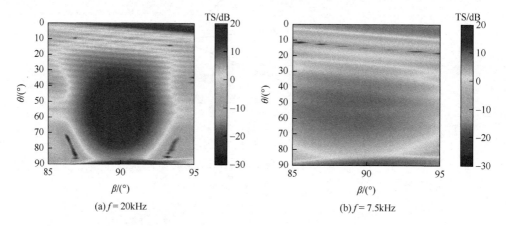

(a) $f = 20$kHz　　　　　　　　　　　(b) $f = 7.5$kHz

图 5.65　$\phi = 45°$时不同角度误差时的目标强度对比（二）（彩图扫封底二维码）

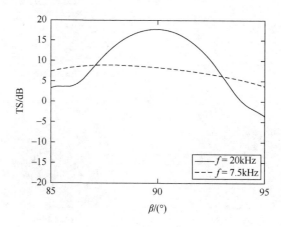

图 5.66　$\phi = 45°$、$\theta = 54.7°$时不同角度误差时的目标强度对比（二）

频率越低，随角度误差的增大目标强度减小得越慢。因此，对于相同尺寸的角反射器，不同频率时对角度加工精度的要求不同，高频时对角度加工精度的要求更高。

5.2.6　起伏反射面的影响

采用 4.2.6 节的插值映射法得到三角形面元剖分的高斯起伏反射面三面角反射器，并假设两个面的交线为直线，即认为两面交接处不存在起伏。以边长均为 1m 的三角形反射面三面角反射器为例，高斯起伏的相关长度为 0.5m，均方根高度为 1cm 时的三角形反射面三面角反射器如图 5.67 所示。

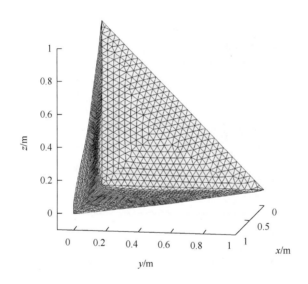

图 5.67　高斯起伏三角形反射面三面角反射器

图 5.68 是声波频率为 7.5kHz、相关长度为 0.5m、不同均方根高度起伏时的目标强度多次统计平均的计算结果，图 5.69 是 $\phi = 45°$、$\theta = 54.7°$ 时目标强度随均方根高度增加变化的统计计算结果，图 5.70 是相关长度为 0.5m、均方根高度为 1cm 时目标强度随频率变化的统计计算结果。相对于高斯起伏面的二面角反射器，起伏面的三面角反射器目标强度在相同的均方根高度时减小量更大，这是由于声波在三个起伏面上经过了三次散射。因此相对于二面角反射器，三面角反射器对反射面的平整度要求更高。

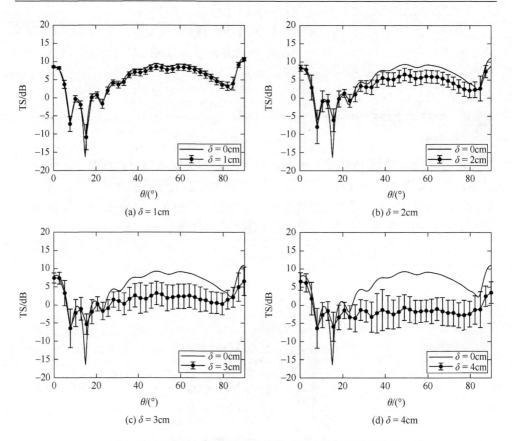

图 5.68　不同均方根高度起伏时的三面角反射器目标强度

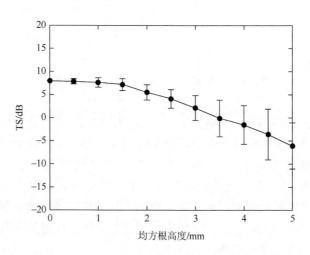

图 5.69　$\phi = 45°$、$\theta = 54.7°$时目标强度随均方根高度增加的变化

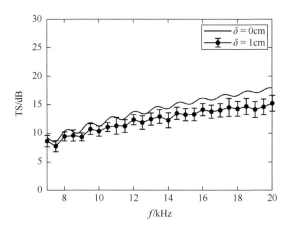

图 5.70　相关长度为 0.5m、均方根高度为 1cm 时目标强度随频率变化

5.3　非硬边界三面角反射器回波特性

5.3.1　固体板反射面三面角反射器

1. 钢板反射面

以三角形反射面三面角反射器为例，取钢板厚度分别为 1cm、2cm、3.5cm 和 5cm，声波频率为 20kHz，钢板声波反射系数见 4.3.1 节。不同厚度钢板反射面组成的三面角反射器目标强度计算结果如图 5.71 和图 5.72 所示。由于钢板的声波反射系数在以板中 Lamb 波临界角入射时存在极小值，因此三面角反射器目标强度在空间存在某些角度突然减小的现象，表现为图中随空间角度变化的极小值线。这个极小值线的角度范围与随角度变化的反射系数有关，如图 5.71 (b) 所示的目标强度减小的区域是由板中 A0 模态 Lamb 波临界角引起的，其他模态的 Lamb 波临界角引起的角度范围一般较小，如图 5.71 (c) 和图 5.71 (d) 所示。但当板厚度小到一定程度时，由于板的反射系数在所有角度时都减小，三次反射波将不能很好地在空间角度中形成强回波或强回波所占据的角度范围减小，如图 5.71 (a) 所示。

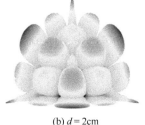

(a) $d = 1$cm　　　　　　　　　　　　(b) $d = 2$cm

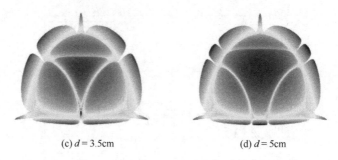

(c) $d = 3.5\text{cm}$　　　　　　　　(d) $d = 5\text{cm}$

图 5.71　$f = 20\text{kHz}$ 时不同厚度钢板反射面组成的三面角反射器目标强度

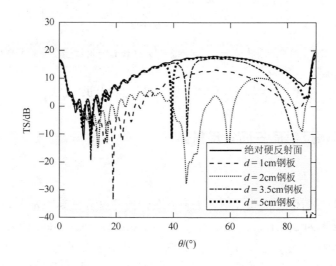

图 5.72　$\phi = 45°$不同厚度时目标强度对比

　　板的反射系数是与频率、厚度相关的，如果频率厚度积相同则板的反射系数也相同，因此相同频率厚度积的三面角反射器的目标强度空间分布是相同的。如图 5.73（a）所示为钢板板厚为 2.5cm、频率为 40kHz 时的三面角反射器目标强度空间分布，图 5.73（b）对比了频率厚度积相同时三面角反射器的目标强度，由于频率的增大，目标强度值相应增大，但极小值出现的角度相同。

2. 铝板反射面

　　图 5.74 和图 5.75 为不同厚度铝板反射面组成的三面角反射器目标强度计算结果，板的反射系数对三面角反射器目标强度空间角度分布特性的影响规律与钢板相同。相对于钢板构成的三面角反射器，由于铝板反射系数较小，对应的三面角反射器目标强度值降低。

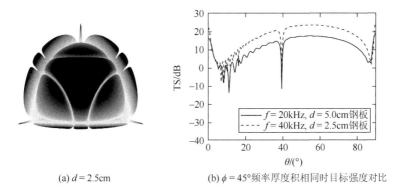

(a) *d* = 2.5cm　　　　　(b) *φ* = 45°频率厚度积相同时目标强度对比

图 5.73　*f* = 40kHz 时厚度 2.5cm 钢板反射面三面角反射器目标强度

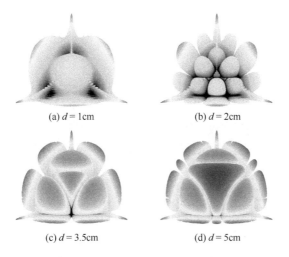

(a) *d* = 1cm　　　　　(b) *d* = 2cm

(c) *d* = 3.5cm　　　　　(d) *d* = 5cm

图 5.74　不同厚度铝板反射面组成的三面角反射器目标强度

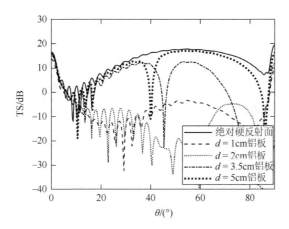

图 5.75　*φ* = 45°不同铝板厚度时目标强度对比

5.3.2　空气夹层固体板反射面三面角反射器

由 4.3.2 节的分析可知，空气夹层板的反射系数模值近似为 1，声波能量几乎全部反射回水中，因此可推知空气夹层板反射面三面角反射器的目标强度值和空间角度分布特性与绝对硬条件时近似相同。图 5.76 和图 5.77 所示为频率为 20kHz 不同厚度钢板和铝板的空气夹层板反射面三面角反射器的目标强度计算结果。图 5.78 为 $\phi = 45°$ 不同厚度板时目标强度与绝对硬反射面时目标强度对比。对于钢板和铝板，不同厚度时目标强度与绝对硬反射面时基本一致，在三次反射波逐渐消失的角度有较大的不同，这是由于反射系数为复数，一次、二次和三次反射波叠加时相位发生了变化，声场干涉叠加后与绝对硬反射面时的结果不同。

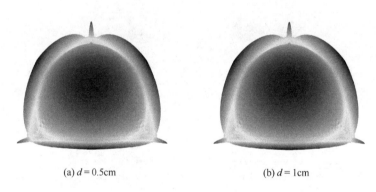

(a) $d = 0.5$cm　　　　　　　　　　　(b) $d = 1$cm

图 5.76　$f = 20$kHz 不同厚度钢板的空气夹层板反射面三面角反射器目标强度

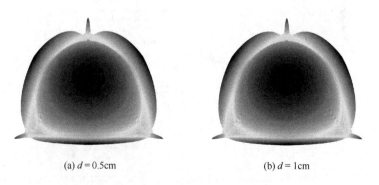

(a) $d = 0.5$cm　　　　　　　　　　　(b) $d = 1$cm

图 5.77　$f = 20$kHz 不同厚度铝板的空气夹层板反射面三面角反射器目标强度

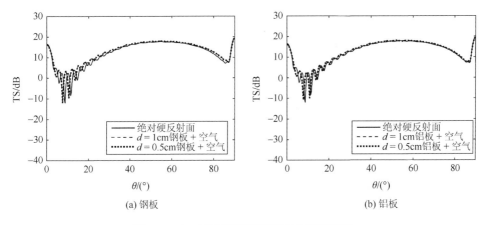

(a) 钢板

(b) 铝板

图 5.78　$\phi = 45°$ 不同厚度板时目标强度对比

5.3.3　绝对软边界反射面三面角反射器

图 5.79 为频率为 20kHz 绝对软反射面三面角反射器的目标强度计算结果,此时界面的反射系数为 –1。与空气夹层板类似,绝对软反射面和绝对硬反射面的目标强度基本一致,由于声波在反射面上反射时相位产生了 180° 的变化,在三次反射波逐渐消失的角度时目标强度略有差异。

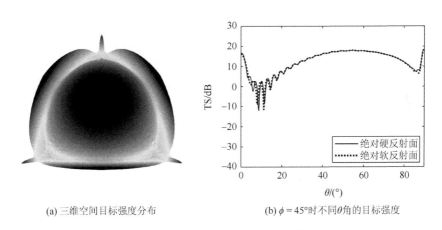

(a) 三维空间目标强度分布

(b) $\phi = 45°$ 时不同 θ 角的目标强度

图 5.79　$f = 20$kHz 绝对软反射面三面角反射器目标强度

5.4　本　章　小　结

本章介绍了三面角反射器散射声场的两种理论计算方法。其中,数值-解析计算方法计算量小,适合计算远场散射声场;声束弹跳方法远近场都适用,但相对于二面角反射器，在利用 BSM 方法构建反射面元时多了一次反射，会引入更大的累积误差，采用面元剪裁方法构建反射面元可以避免误差，同时也会带来计算量的增大。

在散射声场计算方法研究的基础上，本章分析了绝对硬边界时三面角反射器的回波亮点、目标强度、回波相位、瑞利距离特性，分析了几种异形反射面情况时的目标强度角度分布特性，分析了三面夹角误差和平面度误差对回波的影响。在对目标强度特性进行分析时，对比了几种异形结构的三面角反射器，其中边缘内凹三面角反射器可得到空间角度一致性较好的目标强度分布。分析了非硬边界时水负载固体板反射面、空气夹层固体板反射面和绝对软反射面的三面角反射器回波特性。

第6章 双圆锥（台）反射体

文献[94]提出了一种双圆锥（台）的反射体结构，声波在两个圆锥（台）表面经过二次反射后返回入射波方向，其结构也可认为是一个曲面角反射器结构。文献[94]中推导了双圆锥（台）反射体反向散射截面计算公式，对公式的求解仍以数值方法进行了计算。这里利用声束弹跳方法对双圆锥（台）反射体的声散射进行计算和分析。

6.1 几 何 模 型

如图 6.1 所示为双圆锥和双圆锥台反射体几何结构示意图，两个圆锥（台）外表面的夹角为 90°，当上下圆锥（台）为对称结构即 $a=b$ 时，声波入射到两圆锥（台）表面时经过二次反射返回入射方向。

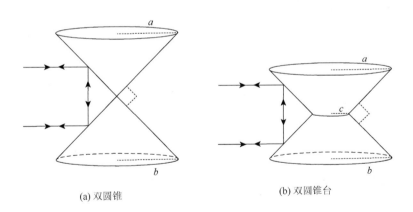

(a) 双圆锥　　　　　　　　　　　(b) 双圆锥台

图 6.1　双圆锥（台）的反射体结构示意图

令 $a=b=1.0\text{m}$、$c=0.2\text{m}$，建立双圆锥（台）的几何模型，并对表面进行三角形面元剖分，面元尺度为声波频率 20kHz 时声波波长的 1/5，结果如图 6.2 所示。当声波以 $\theta=90°$ 角度入射时，照射到上方圆锥（台）的面元如图 6.3 所示的上方深色区域，经过反射后照射到下方圆锥（台）形成二次反射面元，如图 6.3 中所示的下方深色区域。

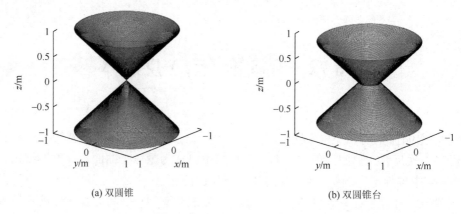

(a) 双圆锥　　　　　　　　　　　　　(b) 双圆锥台

图 6.2　双圆锥（台）面元剖分

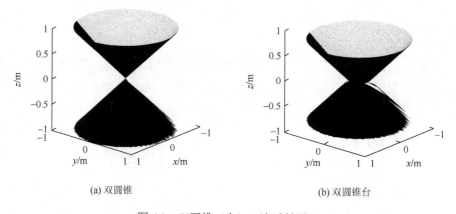

(a) 双圆锥　　　　　　　　　　　　　(b) 双圆锥台

图 6.3　双圆锥（台）二次反射面元

6.2　对称结构双圆锥（台）反射体回波特性

6.2.1　目标强度

取入射声波频率为 20kHz，对于图 6.1（a）中 $a = b = 1.0m$ 的双圆锥反射体（ $c = 0m$ ），利用声束弹跳方法计算得到其不同 θ 角度时的目标强度，如图 6.4 所示。由于两个圆锥面形成的是一个二面角结构，因此目标强度的角度分布特性与二面角反射器相同。图中给出了直角边为 1.0m 的二面角反射器的目标强度结果，可以看出，双圆锥反射体的目标强度比二面角反射器的目标强度小，这主要是因为二面角反射器的反射面为平面，双圆锥反射体的反射面为曲面，在此入射角度下平面反射回入射方向能量比曲面要强，声波在曲面上反射后有一部分能量反射到了其他方向。但双圆锥反射体沿 z 轴具有对称结构，因此，在垂直 z 轴的所有角度时目标强度相同，这是相对于二面角反射器具有优势的方面。

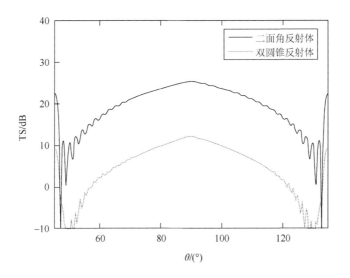

图 6.4 双圆锥反射体的目标强度

对于双圆锥台反射体，取 $a=b=1.0$m，c 分别为 0.0m、0.1m、0.2m、0.3m、0.4m、0.5m，其中 $c=0.0$m 时为双圆锥反射体，计算目标强度结果如图 6.5 所示。

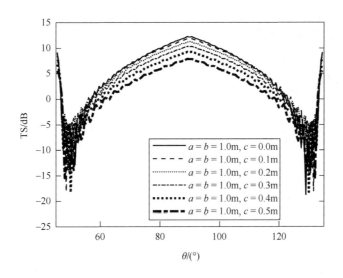

图 6.5 $a=b=1.0$m、c 取不同值时双圆锥台反射体的目标强度

取 $c = 0$m，即为双圆锥反射体，$a = b$ 分别为 1.0m、0.9m、0.8m、0.7m、0.6m、0.5m。对应图 6.5 中的反射体参数，双圆锥台 $c = 0.1$m 和双圆锥 $a = b = 0.9$m 时，两个反射体在 z 轴方向上的尺度相同。计算目标强度如图 6.6 所示。

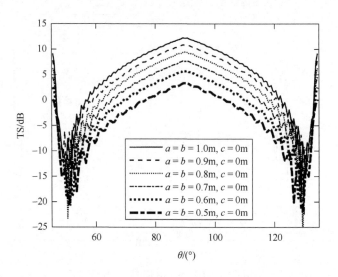

图 6.6　$c = 0$m、$a = b$ 取不同值时双圆锥反射体的目标强度

对比图 6.5 和图 6.6 中双圆锥台和双圆锥反射体的目标强度结果，在 z 轴方向反射体的尺度相同时，双圆锥反射体目标强度小于双圆锥台反射体目标强度，这主要是因为双圆锥台在 x 和 y 方向的尺度比双圆锥的尺度大，反射声波时反射面的曲率半径大，因此反射强度大。

6.2.2　瑞利距离

双圆锥（台）反射体的二次反射波主要由圆锥曲面与入射波波阵面相切的部分进行二次反射后叠加形成，因此对于相同底面半径、双圆锥和 c 取不同值时的双圆锥台的瑞利距离均不同。图 6.7～图 6.10 分别是 $a = b = 1.0$m，c 分别为 0m、0.1m、0.3m、0.5m 时的双圆锥（台）反射体在声波入射角度 $\theta = 90°$ 的不同距离处的回波声压幅值归一化曲线和对应目标强度，声波频率为 20kHz。随着 c 的增大，双圆锥（台）在 z 轴方向的尺度减小，其瑞利距离也变小。表 6.1 为双圆锥（台）反射体不同距离处的目标强度误差，c 值不同的双圆锥（台）反射体应根据对应的瑞利距离来确定数值计算或实验测量时的远场条件。

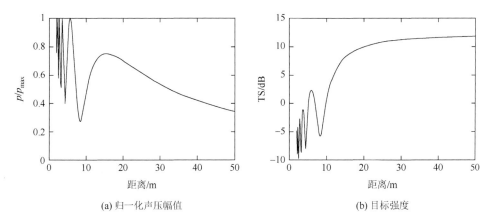

(a) 归一化声压幅值　　　　　　　　　(b) 目标强度

图 6.7　$a = b = 1.0$m，$c = 0$m，双圆锥（台）反射体回波声压幅值归一化曲线和对应目标强度

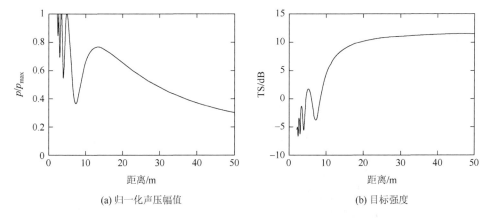

(a) 归一化声压幅值　　　　　　　　　(b) 目标强度

图 6.8　$a = b = 1.0$m，$c = 0.1$m，双圆锥（台）反射体回波声压幅值归一化曲线和对应目标强度

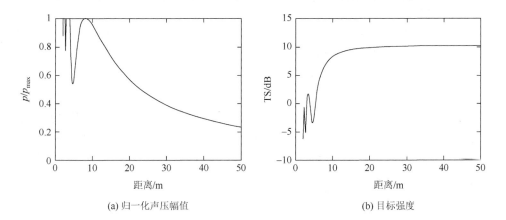

(a) 归一化声压幅值　　　　　　　　　(b) 目标强度

图 6.9　$a = b = 1.0$m，$c = 0.3$m，双圆锥（台）反射体回波声压幅值归一化曲线和对应目标强度

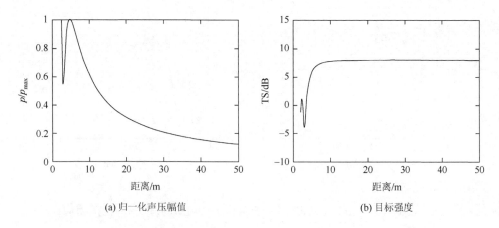

(a) 归一化声压幅值　　　　　　　　　　　　　(b) 目标强度

图 6.10　$a = b = 1.0$m，$c = 0.5$m，双圆锥（台）反射体回波声压幅值归一化曲线和对应目标强度

表 6.1　双圆锥（台）反射体不同距离处目标强度误差

$c = 0$m		$c = 0.1$m		$c = 0.3$m		$c = 0.5$m	
距离/m	ΔTS/dB	距离/m	ΔTS/dB	距离/m	ΔTS/dB	距离/m	ΔTS/dB
$R_e = 15.50$	−3.70	$R_e = 13.10$	−3.85	$R_e = 8.00$	−3.32	$R_e = 4.70$	−2.35
$2R_e = 31.00$	−0.85	$2R_e = 26.20$	−0.93	$2R_e = 16.00$	−0.54	$2R_e = 9.40$	−0.11
$4R_e = 62.00$	−0.23	$4R_e = 52.40$	−0.26	$4R_e = 32.00$	−0.06	$4R_e = 18.80$	0.12
$6R_e = 93.00$	−0.11	$6R_e = 78.60$	−0.13	$6R_e = 48.00$	−0.01	$6R_e = 28.20$	0.12
$8R_e = 124.00$	−0.07	$8R_e = 104.80$	−0.08	$8R_e = 84.00$	0.01	$8R_e = 37.60$	0.10
$10R_e = 155.00$	−0.05	$10R_e = 131.00$	−0.06	$10R_e = 80.00$	0.01	$10R_e = 47.00$	0.08

　　在声波入射角度 $\theta = 90°$ 时，双圆锥（台）对波阵面的截面为两个三角形面或两个梯形面，其截面区域的声波并非全部返回到入射声波方向。分别取截面的内切圆面和外切矩形面，如图 6.11 所示。

　　在声源处于远场近似平面波入射的条件下，分别计算内切圆面和外切矩形面回波在轴线上的归一化声压幅值，如图 6.12 所示，从图中得到瑞利距离整理至表 6.2，通过与双圆锥（台）瑞利距离对比，外切矩形面的结果比内切圆面的误差大，内切圆面的瑞利距离比对应双圆锥（台）瑞利距离小，可作为瑞利距离的近似估计。

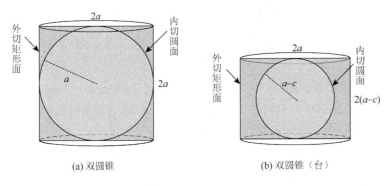

(a) 双圆锥　　　　　　　　　　　(b) 双圆锥（台）

图 6.11　双圆锥（台）的内切圆面和外切矩形面

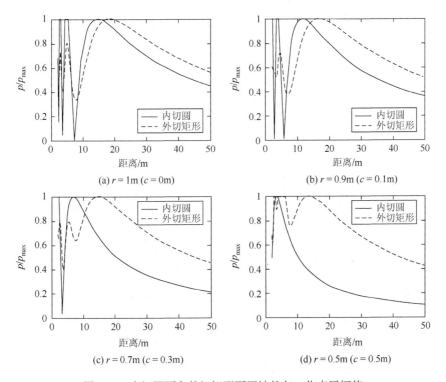

(a) $r = 1m$ ($c = 0m$)　　　　　　　(b) $r = 0.9m$ ($c = 0.1m$)

(c) $r = 0.7m$ ($c = 0.3m$)　　　　　　(d) $r = 0.5m$ ($c = 0.5m$)

图 6.12　内切圆面和外切矩形面回波的归一化声压幅值

表 6.2　双圆锥（台）及其内切圆面和外切矩形面的瑞利距离

名称	双圆锥（台）	内切圆面	外切矩形面
R_e/m（$c = 0m$）	15.50	14.50	18.30
R_e/m（$c = 0.1m$）	13.10	11.50	16.70
R_e/m（$c = 0.3m$）	8.00	6.80	14.60
R_e/m（$c = 0.5m$）	4.70	3.40	13.60

6.3　非对称结构双圆锥反射体目标强度特性

上下两个圆锥体相同时，目标强度在 θ 角度中对称分布，当两个圆锥体不同，外表面的夹角仍为 90°，此时，两个圆锥体仍能形成二面角结构的声反射，但由于两个反射面不同，目标强度的角度分布特性将发生改变。下面分别分析两种不同非对称结构双圆锥反射体的目标强度特性。

6.3.1　圆锥底面半径不同

取两个圆锥体均为顶角 90°，但底面半径不同，令 $b = 1.0$m，a 分别为 0.9m、0.8m、0.7m、0.6m、0.5m，入射声波频率为 20kHz，计算得到对应双圆锥反射体的目标强度，如图 6.13～图 6.17 所示。

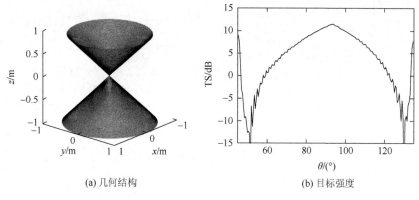

(a) 几何结构　　　　　　　　　　(b) 目标强度

图 6.13　双圆锥体尺寸：$b = 1.0$m，$a = 0.9$m

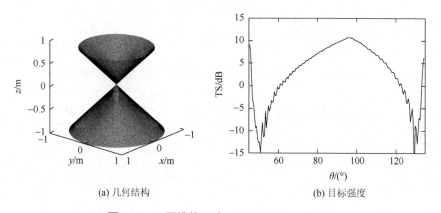

(a) 几何结构　　　　　　　　　　(b) 目标强度

图 6.14　双圆锥体尺寸：$b = 1.0$m，$a = 0.8$m

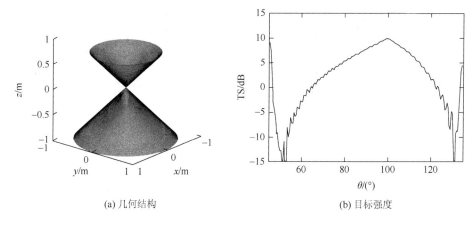

(a) 几何结构　　　　　　　　　　　　(b) 目标强度

图 6.15　双圆锥体尺寸：$b = 1.0\text{m}$，$a = 0.7\text{m}$

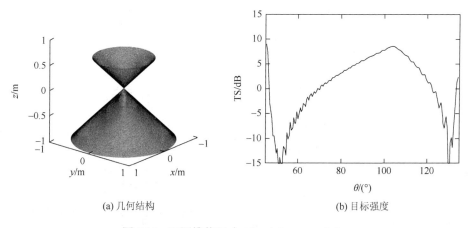

(a) 几何结构　　　　　　　　　　　　(b) 目标强度

图 6.16　双圆锥体尺寸：$b = 1.0\text{m}$，$a = 0.6\text{m}$

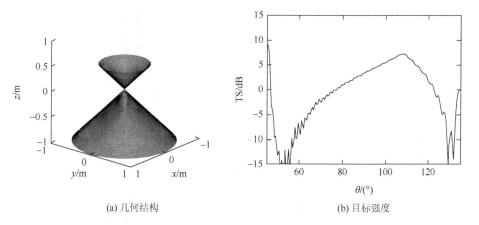

(a) 几何结构　　　　　　　　　　　　(b) 目标强度

图 6.17　双圆锥体尺寸：$b = 1.0\text{m}$，$a = 0.5\text{m}$

从图 6.13～图 6.17 中的计算结果可以看出，随着上方圆锥体尺度的减小，目标强度值减小，这是反射面积减小的结果。同时，目标强度最大值位置发生了偏移，最大值所对应的角度是上方圆锥体的反射声波在下方圆锥体上照射区域最大时的入射声波角度，如图 6.18 所示，角度 $\theta = 45° + \arctan(b/a)$，在 $b = 1.0$m，a 分别为 0.9m、0.8m、0.7m、0.6m、0.5m 时，θ 分别约为 93.01°、96.34°、100.01°、104.04°、108.43°，与图 6.13～图 6.17 中目标强度计算结果峰值所处角度位置一致。

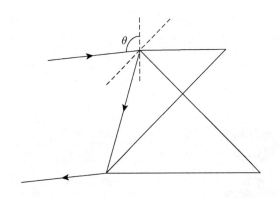

图 6.18　目标强度最大时的声波入射角度

6.3.2　圆锥角度不同

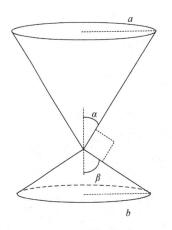

图 6.19　不同圆锥角度时双圆锥
反射体示意图

当圆锥体的顶角不是 90°，但两个圆锥体顶角组合后的角度仍保持为 90°时，如图 6.19 所示，图中 $\alpha + \beta = 90°$，此时两个圆锥体外表面也可以组成一个曲面二面角结构。

令两个圆锥体的底面半径相等，为 $a = b = 1.0$m，圆锥角度分别取（$\alpha = 30°$，$\beta = 60°$）、（$\alpha = 35°$，$\beta = 55°$）、（$\alpha = 40°$，$\beta = 50°$）时，入射声波频率为 20kHz，计算其目标强度结果如图 6.20～图 6.22 所示。此时回波所占据的角度范围发生了改变，由[45°, 135°]变为了[α, 90° + α]，并且在[α, 90° + α]角度范围内也不是对称分布的。

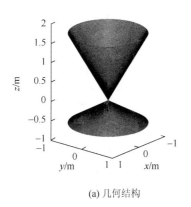

(a) 几何结构

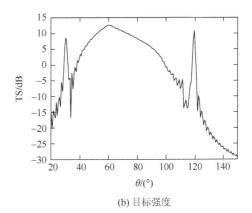

(b) 目标强度

图 6.20　双圆锥反射体尺寸：$a = b = 1.0\text{m}$，$\alpha = 30°$，$\beta = 60°$

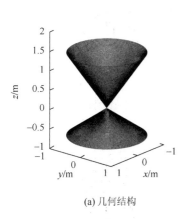

(a) 几何结构

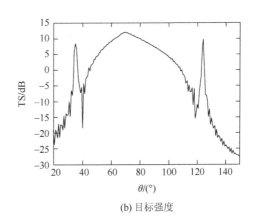

(b) 目标强度

图 6.21　双圆锥反射体尺寸：$a = b = 1.0\text{m}$，$\alpha = 35°$，$\beta = 55°$

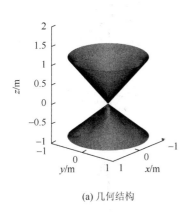

(a) 几何结构

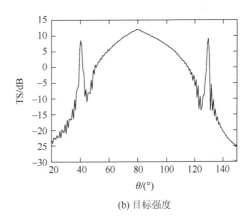

(b) 目标强度

图 6.22　双圆锥反射体尺寸：$a = b = 1.0\text{m}$，$\alpha = 40°$，$\beta = 50°$

6.4　本章小结

　　本章利用声束弹跳方法计算和分析了双圆锥（台）反射体的回波特性，双圆锥（台）反射体具有类似二面角反射器的回波特性，其轴对称结构使其具有水平方向目标强度一致的特点。分析了双圆锥（台）反射体瑞利距离，可利用双圆锥（台）反射体截面内切圆的瑞利距离作为近似估计。分析了两个圆锥体不同时的非对称结构双圆锥反射体目标强度的角度分布特性，圆锥体均为顶角 90° 但底面半径不同的双圆锥反射体，目标强度随入射声波角度的改变不再是对称分布的；底面半径相同但圆锥体顶角不同的双圆锥反射体回波角度范围发生了改变，并且目标强度随入射声波角度的改变也不是对称分布的。

第7章　水下声学角反射器的应用实例

水下声学角反射器具有体积小、目标强度大的特点，在对其特性研究的基础上，可利用其特性或进一步开展结构组合将其应用于水下声学目标回波标准体、水下声学标记体和水下目标模拟等多种场景。

7.1　水下双层十字交叉组合二面角反射器

在进行主动声呐性能测试时，通常需要一个水下目标作为参考，常见的目标有球体或圆柱体等，这类目标具有轴对称性，因此目标回波的角度一致性好。双圆锥（台）反射体也具有轴对称性，但相对于角反射器在相同尺度条件下的目标强度也较小。当需要目标具有较大目标强度时，球体、圆柱体或双圆锥（台）的体积将会非常大，给实验测量的实施带来诸多不便。角反射器具有体积小、目标强度大的优点，同时也存在目标强度角度一致性差的缺点，通过合理的方式对角反射器进行结构组合，可以解决其目标强度角度一致性差的问题。

7.1.1　结构设计

1. 双层十字交叉组合结构

第4章分析了单个二面角反射器的目标强度，得到的是[0°, 90°]范围内的目标强度角度分布。如图7.1（a）所示为将两个矩形面沿长边中心以90°交叉组成的一个十字交叉组合结构的二面角反射器，其中，矩形面长边为20cm，短边为5cm。在绝对硬边界条件下，计算得到频率为80kHz时水平全角度范围内的目标强度，如图7.1（b）所示，其目标强度的角度一致性较差。二次反射波占据了较大角度范围，在45°、135°、225°、315°时目标强度最大，偏离最大值角度时逐渐减小；一次反射波占据了较小角度范围，在0°、90°、180°、270°、360°时目标强度最大，偏离最大值角度时急剧减小。

将十字交叉组合结构二面角反射器沿水平方向旋转45°，其结构示意图和目标强度计算结果如图7.2所示。对比图7.1（b）和图7.2（b），二次反射波极大值角度对应另一个十字交叉组合结构二面角反射器的极小值角度，当偏离极大值角度目标强度逐渐减小时，另一个偏离极小值角度目标强度逐渐增大。因此，可将两个十字交叉组合结构再次组合，由声场线性叠加可改善单个十字交叉组合结构目标强度角度一致性差的问题。

　　如图 7.3 所示为双层十字交叉组合结构二面角反射器示意图[66]和目标强度计算结果，可以看出二次反射波叠加后使得目标强度角度一致性得到了极大提高，但一次反射波得以保留。图 7.3（b）中的峰值角度是第一个十字交叉组合结构的一次反射波与另一个二次反射波的叠加，因此，这些角度时的目标强度也相应增大。

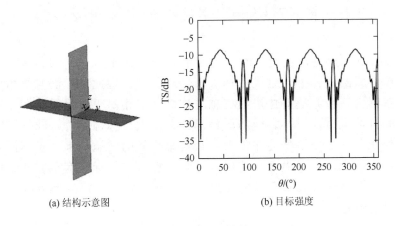

(a) 结构示意图　　　　　　　　　　(b) 目标强度

图 7.1　十字交叉组合结构（一）

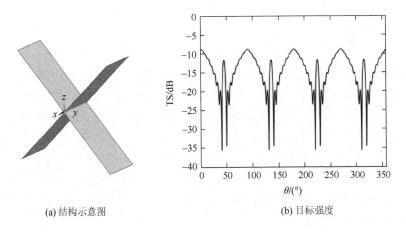

(a) 结构示意图　　　　　　　　　　(b) 目标强度

图 7.2　十字交叉组合结构（二）

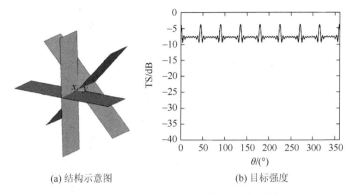

(a) 结构示意图　　　　　　　　　(b) 目标强度

图 7.3　双层十字交叉组合结构二面角反射器

图 7.4 是 $\phi \in [80°, 100°]$、$\theta \in [0°, 360°]$ 时双层十字交叉组合二面角反射器的目标强度计算结果。回波信号是两个反射体各自回波信号干涉叠加组成的，两个反射体分布在 x 轴上的不同位置，从而造成两个回波信号存在一定的声程差。图 7.4 中在横轴 θ 角度中的一次反射波不是在 ϕ 方向以 90° 对称分布的，这是因为这些角度是其中一个反射体的一次反射波与另一个反射体的二次反射波叠加后的总的回波，当 $\phi \neq 90°$ 时，两个回波信号存在声程差，从而产生干涉的结果。

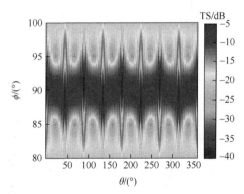

图 7.4　$\phi \in [80°, 100°]$、$\theta \in [0°, 360°]$ 时双层十字交叉组合二面角反射器目标强度
（彩图扫封底二维码）

2. 钢板反射面

由 4.3.1 节的分析可知，钢板厚度影响二面角反射器目标强度的角度分布特性。图 7.5 为钢板厚度在 5～20mm 时，双层十字交叉组合结构二面角反射器目标强度计算结果。在厚度为 8～11mm 范围内，图 7.3（b）中强回波出现的角度目标强度得到抑制，这是由板的反射导致二次反射波减弱，这些角度回波的主要贡献为一次反射波。因此，如果为了得到更均匀的目标强度角度分布特性，可选择板厚范围为 8～11mm。

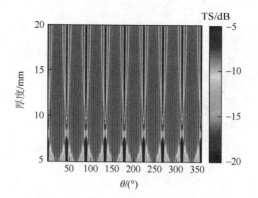

图 7.5　板厚变化时双层十字交叉组合结构二面角反射器目标强度（彩图扫封底二维码）

　　图 7.6 为板厚分别为 8mm、9mm、10mm 和 11mm 时的目标强度计算结果，一些特定角度目标强度突然增大或减小是回波相干叠加的结果，在回波测量时随角度的变化非常敏感，体现为回波信号的闪烁。

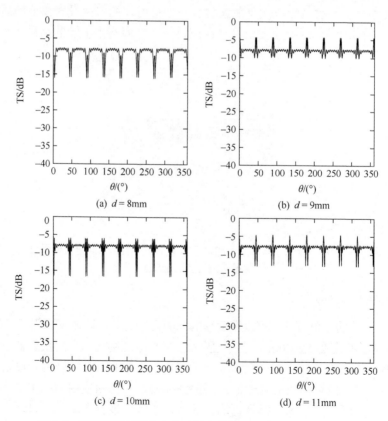

(a) $d = 8\text{mm}$　　　　　　　　　　(b) $d = 9\text{mm}$

(c) $d = 10\text{mm}$　　　　　　　　　(d) $d = 11\text{mm}$

图 7.6　不同板厚双层十字交叉组合结构二面角反射器目标强度

在 360°角度范围内，统计目标强度大于某个阈值时的角度占比，得到角度占
比随阈值变化的曲线，如图 7.7（a）所示。以 $TS_0 = 5dB$ 为基准，统计目标强度
在$[TS_0-\Delta TS, TS_0 + \Delta TS]$范围内的角度占比，得到角度占比随 ΔTS 变化的曲线，
如图 7.7（b）所示。

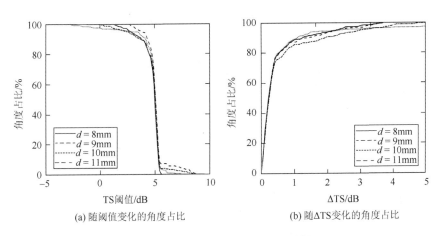

(a) 随阈值变化的角度占比　　　　　　　(b) 随ΔTS变化的角度占比

图 7.7　目标强度角度分布统计分析

7.1.2　实验测量

1. 实验介绍

如图 7.8 所示为双层十字交叉组合二面角反射器实物设计图，材质为 304 不
锈钢，钢板厚度为 10mm，每个二面角反射器的边长 $a = b = 10cm$，高度 $l = 5cm$。

图 7.8　双层十字交叉组合二面角反射器实物设计图

　　按照《声学 水声目标强度测量实验室方法》(GB/T 31014—2014)，在实验室水池中测量了双层十字交叉组合二面角反射器目标强度。水下设备布放如图 7.9 所示，声源、水听器和反射体处于水面以下相同深度 1.50m，声源至水听器水平距离为 1.30m，声源至反射体中心的距离为 3.50m。声源是波束开角为 10°的平面阵，发射信号为频率 80kHz 的单频脉冲信号。反射体固定连接在直径为 1cm 的钢制圆杆下端，圆杆上端连接至旋转平台。反射体每旋转 1°测量一次回波，图 7.10 为吊放反射体入水时的状态。

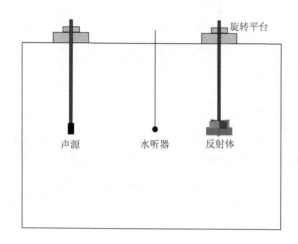

图 7.9　水下设备布放示意图

图 7.10　反射体吊放状态

2. 测量结果

实验测量目标强度如图 7.11 中点虚线所示，与 $\phi = 90°$ 的理论计算结果相比，两者基本一致，验证了所设计的双层十字交叉组合二面角反射器可以改善目标强度的角度一致性。

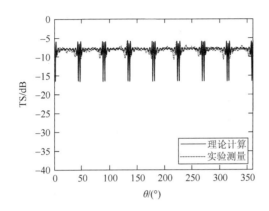

图 7.11　实测结果与 $\phi = 90°$ 时理论计算结果对比

3. 误差分析

1）测量距离

在理论计算时收发位置均处于散射波的远场，即收发位置距反射体距离要远大于瑞利距离，但在实验室水池测量时，很难满足远大于瑞利距离的条件。以图 7.8 中计算的二面角反射器即组合二面角反射器中的一个二面角反射器为例，计算 $\theta = 45°$ 时声源距反射体距离 3.5m 条件下、水听器距反射体距离不同时的散射声波以及由此得到的目标强度结果。图 7.12 是声源距反射体距离 3.5m 时不同接收距离的散射声波归一化声压幅值和相应得到的目标强度。由图 7.12（a）可知，接收距离 2.2m 约为瑞利距离 0.35m 的 6 倍；在图 7.12（b）的目标强度结果中，此距离处对应的目标强度为-8.54dB，收发距离足够远即在远场条件下得到的目标强度为-8.51dB，两者仅相差 0.03dB，因此，测量距离对结果的误差影响可以忽略。

2）吊放连杆回波

实验测量时采用了钢制圆柱杆吊放反射体，吊放连杆的回波也会对测量结果产生影响。根据实验布置距离和声源指向性波束宽度，可估计得到声波照射到连杆的长度约为 25cm。仿真计算实验布置条件下连杆的散射声场，并假设钢制连杆和反射体均为绝对硬边界，将其与反射体的散射声场干涉叠加，结果如图 7.13 所示。由于连杆的影响，目标强度增大了 0.20~0.40dB，平均增大 0.35dB。

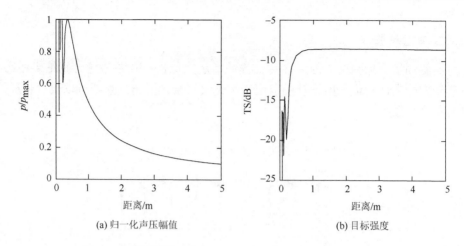

(a) 归一化声压幅值   (b) 目标强度

图 7.12 不同接收距离的归一化声压幅值和相应的目标强度

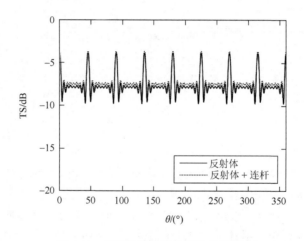

图 7.13 反射体和连杆总体的目标强度

3）反射体吊放角度

由图 7.4 中的计算结果可知，反射体目标强度与角度 ϕ 有关，在实际吊放时很难保证反射体轴线严格垂直，导致了反射体旋转过程中入射声波并不是严格地按照 $\phi = 90°$ 角度入射。图 7.14 给出了 $\phi = 89°$ 和 $\phi = 91°$ 时理论计算结果与实测结果的对比，可以看出，角度 ϕ 存在 $\pm 1°$ 误差时，目标强度会有所减小，$\phi = 89°$ 时平均减小了 1.05dB，$\phi = 91°$ 时平均减小了 1.06dB。

通过上述分析，声源和水听器距反射体距离虽然不满足远大于瑞利距离的条件，但其对测量误差的影响较小，吊放连杆回波和反射体吊放角度是引起测量误差的主要因素。

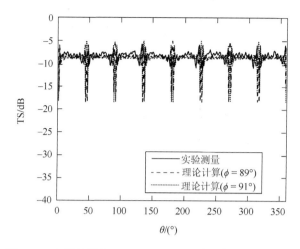

图 7.14　实测结果与 $\phi = 89°$、$\phi = 91°$时理论计算结果对比

7.2　水下目标回波模拟的组合三面角反射器

在水下声对抗领域，研究能真实模拟水下目标回波的声诱饵是一项重要内容。模拟目标回波的声诱饵可分为两种类型，一种是通过接收入射波信号再经过处理后发射出去，另一种是通过设计物理目标使其通过反射或散射声波来模拟真实目标的回波。对于前者，较多的文献已从回波强度、回波亮点特征、时延误差、阵列式声诱饵等多方面进行了研究[95-100]；对于后者，美国学者 Malme[101]对比分析了泡群反射体、多充气管反射体和单充气管反射体的低频反射性能，Nero 等[102]设计了一种由气泡平板构成的二面角组合结构的反射体，用来得到一个具有强回波的模拟目标。国内张小凤等[103]较早地开展了物理目标声反射器的研究，建立了有限长充气柱壳目标声反射器的数学模型，后续又有学者开展了组合式结构[104]和充气柱体及其阵列[105]的散射体研究。角反射器的强回波和亮点特性，使其可作为物理目标声诱饵的方法之一。

7.2.1　水下目标回波特性

1. 水下潜艇目标模型

国际上为了对潜艇目标强度研究具有统一标准，提出了几种标准潜艇模型[106]。以其中的 Generic BASIS 标准潜艇模型为例，其外形尺寸如图 7.15（a）所示；利用建模软件建立其几何模型，如图 7.15（b）所示。

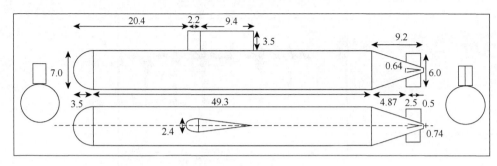

(a) 外形尺寸（单位：m）

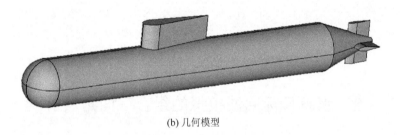

(b) 几何模型

图 7.15　Generic BASIS 标准潜艇模型

2. 回波角度分布

取声波频率为 10kHz，采用板块元方法计算得到目标强度结果，如图 7.16（a）所示。当入射声波为脉冲信号时，潜艇不同部位的回波在不同时刻到达接收点，每一个部位的回波形成一个亮点，不同声波入射角度时亮点分布也不同，图 7.16（b）为填充 10 个周期的单频脉冲信号时仿真得到的潜艇回波亮点结构。

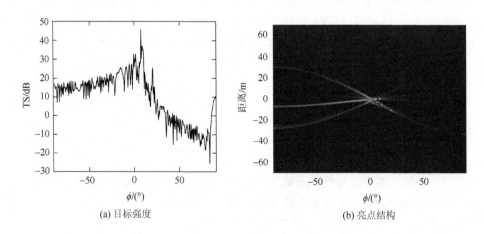

(a) 目标强度　　　　　　　　　　　　(b) 亮点结构

图 7.16　Generic BASIS 标准潜艇回波（彩图扫封底二维码）

7.2.2　结构设计

由图 7.16（a）的目标强度结果可知，在 $\phi=0°$ 即声波垂直入射艇正横方向时具有较大的目标强度；$\phi<0°$ 时比 $\phi>0°$ 时的目标强度大，这是因为在 $\phi<0°$ 时艇首和指挥台围壳具有较强的回波。由图 7.16（b）的回波亮点结构可知，回波主要存在三个亮点即艇首、指挥台围壳和艇尾，其中，$\phi=0°$ 左右时，艇身回波和指挥台围壳回波虽然存在很小的时差，但也基本重合在一起。

根据图 7.16 中目标强度和亮点结构的分布特性，用三组共 8 个角反射器分别模拟三个亮点，每组由若干正方形三面角反射器组成，分别布置在艇首、指挥台围壳和艇尾所在的空间位置，如图 7.17 所示。图中对所有角反射器进行了编号。

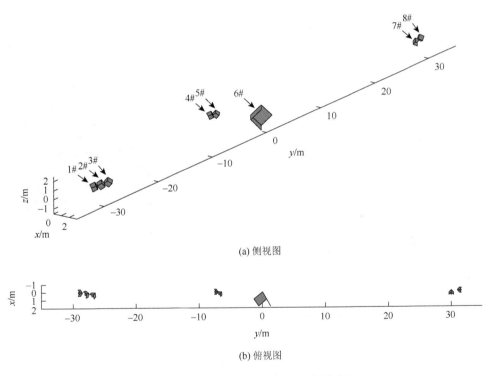

(a) 侧视图

(b) 俯视图

图 7.17　三面角反射器组合体空间位置分布

7.2.3　仿真分析

根据目标强度在不同角度时的变化，8 个角反射器的尺寸不同，其直角边的长度取值如表 7.1 所示。利用声束弹跳方法，计算声波频率为 10kHz 时三面角反射器组合体的目标强度和亮点结构，结果如图 7.18 所示。目标强度的分布与 Generic BASIS 标准潜艇模型存在一定的差异，但其大致规律相符；亮点结构具有较好的一致性。

表 7.1　角反射器尺寸

序号	长度/m
1#	0.60
2#	0.60
3#	0.60
4#	0.50
5#	0.50
6#	1.60
7#	0.50
8#	0.50

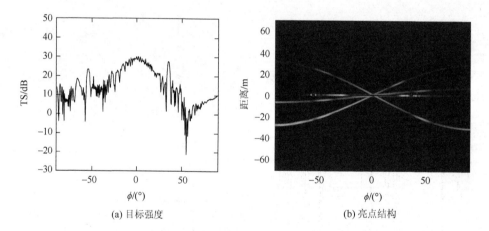

(a) 目标强度　　　　　　　　　　　　　(b) 亮点结构

图 7.18　组合角反射器回波模拟结果（彩图扫封底二维码）

图 7.18 是作为一种回波模拟方法的结果，是一种物理模拟，其优点是回波信号取决于入射声波信号，相对于电子模拟来说，不需要考虑接收信号并进行信号处理后再发射的问题，同时也不存在时延问题。根据所需模拟目标的回波信号特征，可优化组合角反射器结构，使其得到最优模拟效果。

7.3　水下被动声学标记体

水下被动声学标记体是一种小体积、大目标强度的水下声反射体，具有布放简单、成本低和不需要电池供电等优点。将其放置在海底，当利用主动声呐探测海底或海底目标时，在布放位置会出现强度远大于海底回波的亮点，因此可作为声学标记体，精确标记海底某一位置。

7.3.1　结构设计

水下被动声学标记体采用组合角反射器结构设计。角反射器在一个空间象限内具有大目标强度特性，采用如图 7.19 所示的四个角反射器组合结构时，即可在半空间范围内都具有大目标强度的特性，将其放置海底作为声学标记体时，声波从水中或水面照射海底，在任意角度照射均可得到对应位置处的一个强回波亮点。在具体使用时可加装释放器进行标记体的回收，由于采用了被动声学结构设计，没有电池供电等要求，也可将其直接放置海底进行长时间工作。

图 7.19　水下被动声学标记体结构图

7.3.2　仿真分析

以工作频率为 200～400kHz 侧扫声呐或多波束声呐为例，取组成角反射器的板为钢板，厚度为 6mm，每一个角反射器的直角边为 0.3m。根据 4.3.1 节中水负载固体板的反射系数计算公式得到钢板的声压反射系数结果，如图 7.20 所示，根据 5.1.2 节中三面角反射器目标强度计算方法得到频率为 200kHz 时一个角反射器在一个空间象限范围内的目标回波强度分布，如图 7.21（a）所示，$\phi = 45°$ 时不同 θ 角时的目标强度如图 7.21（b）所示。

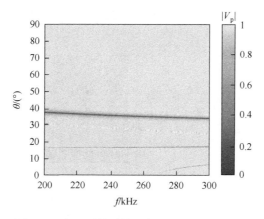

图 7.20　声压反射系数（彩图扫封底二维码）

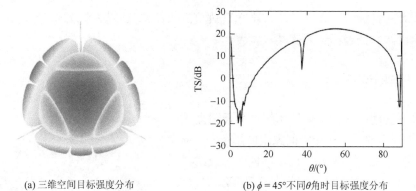

(a) 三维空间目标强度分布　　　　　　(b) $\phi=45°$ 不同 θ 角时目标强度分布

图 7.21　一个角反射器的目标强度分布

对于图 7.19 中由四个三面角反射器组成的声学标记体结构，采用声束弹跳方法分别计算频率为 200kHz、300kHz 和 400kHz 时在上半空间角度范围内的目标强度，结果如图 7.22～图 7.24 所示，其中，分图（a）是回波强度三维空间分布结果，分图（b）是目标强度在 $\theta\in[0°, 90°]$、$\phi\in[0°, 360°]$ 角度范围内的结果。

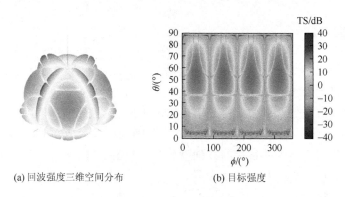

(a) 回波强度三维空间分布　　　　　　(b) 目标强度

图 7.22　$f=200$kHz 时标记体目标强度（彩图扫封底二维码）

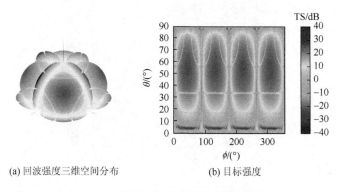

(a) 回波强度三维空间分布　　　　　　(b) 目标强度

图 7.23　$f=300$kHz 时标记体目标强度（彩图扫封底二维码）

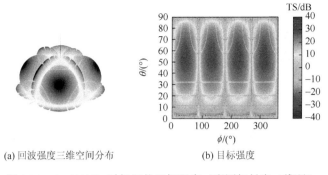

(a) 回波强度三维空间分布　　　　　(b) 目标强度

图 7.24　$f=400$kHz 时标记体目标强度（彩图扫封底二维码）

在上半空间角度范围内目标强度的经验累积分布如图 7.25 所示。如果以 0dB 作为门限值，三个频率时的概率值分别为 55%、76%、88%；如果以−10dB 作为门限值，三个频率时的概率值分别为 97%、99%、99%。

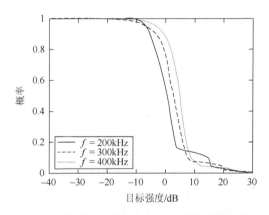

图 7.25　上半空间角度范围内目标强度经验累积分布

目标强度随角度的变化具有一定的方向性，因此把标记体放置在海底，如图 7.26 所示。在不同的声波入射角度时，标记体具有不同的目标强度经验累积分布，结果如图 7.27 所示。

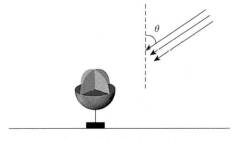

图 7.26　声波入射示意图

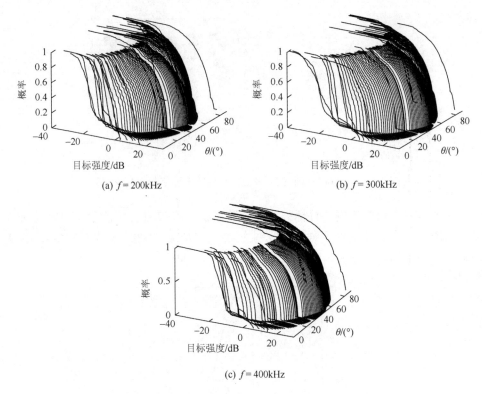

(a) $f = 200\text{kHz}$

(b) $f = 300\text{kHz}$

(c) $f = 400\text{kHz}$

图 7.27　不同的声波入射角度时目标强度经验累积分布

　　分别取门限值为 0dB 和 −10dB，从图 7.27 目标强度经验累积分布中可以得到随声波入射角度变化时的不同门限值时的概率，如图 7.28 所示。图中有个别角度会出现概率值突然减小的现象，这主要是因为钢板反射系数在这些入射角度时突然减小，包括了声波在钢板上一次反射和多次反射时的声波入射角度。

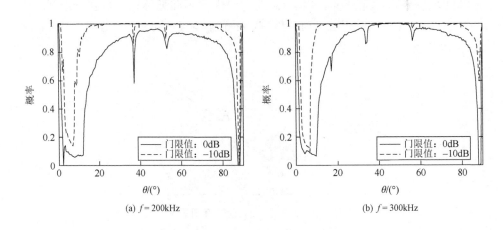

(a) $f = 200\text{kHz}$

(b) $f = 300\text{kHz}$

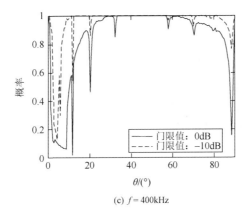

(c) $f = 400\text{kHz}$

图 7.28　不同门限值时的目标强度经验累积概率随声波入射角度的变化

7.4　水下声回波标准体

在海上进行目标回波测试时，可采用比较法进行目标强度的测量。第 6 章中的双圆锥（台）反射体或 7.1 节给出的水下双层十字交叉组合二面角反射器，虽然都具有较好的水平方向一致性，但在垂直方向一致性较差，适合在实验室水池中使用。在海上进行测量时，由于环境的复杂性，反射体姿态和角度不易精确控制，需要在一定的空间角度范围内具有较好的目标强度一致性。

7.4.1　结构设计

5.2.2 节计算和分析了各种三面角反射器的目标强度角度分布特性，三角形三面角反射器与边缘内凹三面角反射器在一定空间角度范围内的一致性较好，再根据 5.3.2 节空气夹层板三面角反射器的计算结果，可将反射体设计为如图 7.29 或图 7.30 所示的空腔结构。

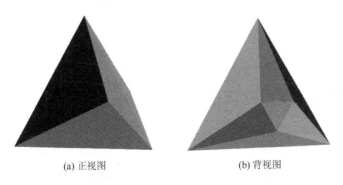

(a) 正视图　　　　　　　　　　(b) 背视图

图 7.29　空腔结构-三角形三面角反射器

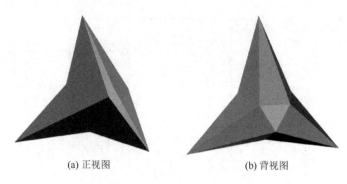

(a) 正视图　　　　　　　　　　　(b) 背视图

图 7.30　空腔结构-边缘内凹三面角反射器

7.4.2　仿真分析

当频率为 5kHz 和 10kHz 时，要求在一定空间角度方位内反射体具有较好的目标强度一致性。令反射体直角边长度 $a = b = 2\mathrm{m}$，调节边缘内凹的参数 d（见图 5.42），得到 $\phi = 45°$ 时不同角度 θ 的目标强度和 $\theta = 54.7°$ 时不同角度 ϕ 的目标强度，如图 7.31～图 7.34 所示。在尽可能使得目标强度值大、空间角度一致性好的要求下，可选择 $d = 0.5\mathrm{m}$ 时的边缘内凹三面角反射器作为标准体。

以 ±1dB 作为目标强度的误差范围，如图 7.35 和图 7.36 中虚线所示，从图中读出在 ±1dB 范围内的角度 $\Delta\theta$ 和 $\Delta\phi$，见表 7.2。$d = 1\mathrm{m}$ 的三角形三面角反射器比 $d = 0.5\mathrm{m}$ 的边缘内凹三面角反射器角度范围小，但目标强度大。当实际工程应用时，如果可以对反射体的姿态进行较高精度的控制，可采用三角形三面角反射器作为标准体；如果姿态控制精度不高，可采用边缘内凹三面角反射器作为标准体。

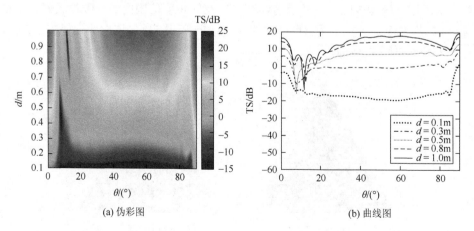

(a) 伪彩图　　　　　　　　　　　　　(b) 曲线图

图 7.31　频率 $f = 5\mathrm{kHz}$、$\phi = 45°$ 时不同角度 θ 的目标强度（彩图扫封底二维码）

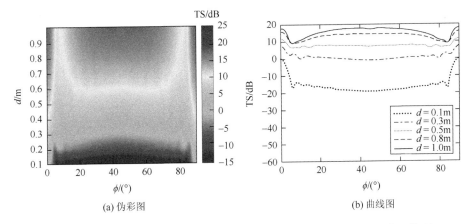

(a) 伪彩图　　　　　　　　　　　(b) 曲线图

图 7.32　频率 f = 5kHz、θ = 54.7°时不同角度 ϕ 的目标强度（彩图扫封底二维码）

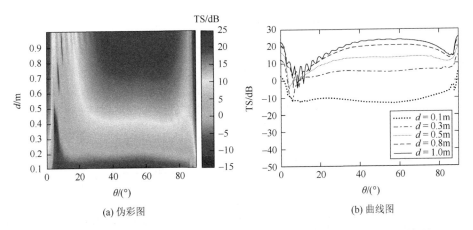

(a) 伪彩图　　　　　　　　　　　(b) 曲线图

图 7.33　频率 f = 10kHz、ϕ = 45°时不同角度 θ 的目标强度（彩图扫封底二维码）

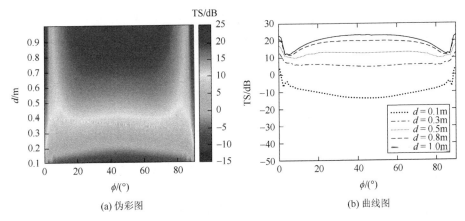

(a) 伪彩图　　　　　　　　　　　(b) 曲线图

图 7.34　频率 f = 10kHz、θ = 54.7°时不同角度 ϕ 的目标强度（彩图扫封底二维码）

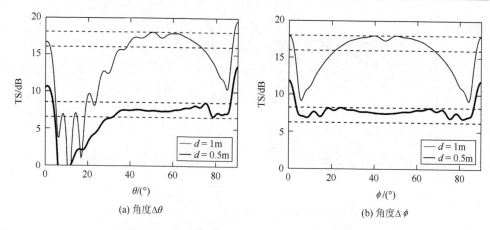

(a) 角度 $\Delta\theta$　　　　　　　　　　　　(b) 角度 $\Delta\phi$

图 7.35　频率 $f = 5\mathrm{kHz}$ 时误差 $\pm 1\mathrm{dB}$ 的角度范围

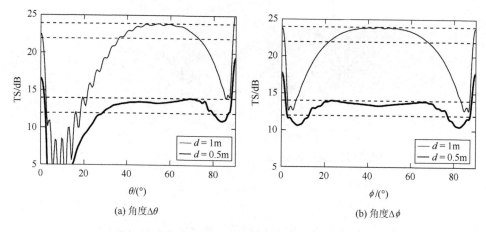

(a) 角度 $\Delta\theta$　　　　　　　　　　　　(b) 角度 $\Delta\phi$

图 7.36　频率 $f = 10\mathrm{kHz}$ 时误差 $\pm 1\mathrm{dB}$ 的角度范围

表 7.2　±1dB 误差范围内的角度

f/kHz	$d = 1\mathrm{m}$		$d = 0.5\mathrm{m}$	
	$\Delta\theta$/(°)	$\Delta\phi$/(°)	$\Delta\theta$/(°)	$\Delta\phi$/(°)
5	35	47	55	82
10	37	47	51	64

7.5　本 章 小 结

本章介绍了几种水下声学角反射器的应用实例,包括水下双层十字交叉组合二面角反射器,其组合结构可达到水平全角度范围内目标强度具有较好角度一致性的效果；水下目标回波模拟的三面角反射器组合体，通过对三面角反射器在空间位置进行合理的排布和组合，可实现目标强度和亮点结构的模拟；水下被动声学标记体，利用四个三面角反射器组合设计，可在半空间范围内都具有大目标强度的特性；水下声回波标准体，利用三角形三面角反射器与边缘内凹三面角反射器在一定空间角度范围内一致性较好的特点，在角反射器姿态保持在此角度范围时，将其作为回波测量的标准体。

参 考 文 献

[1]   TURYSHEV S G，WILLIAMS J G，FOLKNER W M，et al. Corner-cube retro-reflector instrument for advanced
      lunar laser ranging[J]. Experimental Astronomy，2013，36（1）：105-135.

[2]   ZHANG Z P，ZHANG H F，CHEN W Z，et al. Design and performances of laser retro-reflector arrays for BeiDou
      navigation satellites and SLR observations[J]. Advances in Space Research，2014，54（5）：811-817.

[3]   CURRIE D，DELL'AGNELLO S，MONACHE G D. A lunar laser ranging retroreflector array for the 21st century[J].
      Acta Astronautica，2011，68（7/8）：667-680.

[4]   ARAKI H，KASHIMA S，NODA H，et al. Thermo-optical simulation and experiment for the assessment of single，
      hollow，and large aperture retroreflector for lunar laser ranging[J]. Earth，Planets and Space，2016，68（1）：101.

[5]   CIOCCI E，MARTINI M，CONTESSA S，et al. Performance analysis of next-generation lunar laser retroreflectors[J].
      Advances in Space Research，2017，60（6）：1300-1306.

[6]   何芸，胡泽主，黎明，等. 新一代单体月球激光角反射器方案设计[J]. 深空探测学报，2021，8（4）：416-422.

[7]   张志远，张介秋，屈绍波，等. 雷达角反射器的研究进展及展望[J]. 飞航导弹，2014，（4）：64-70.

[8]   神华. 小铁片的大秘密：浅析角反射器在海军装备中的运用[J]. 舰载武器，2019，（3）：80-85.

[9]   邓姚乾. 用角反射器作空中靶标的几个问题[J]. 现代引信，1991，13（4）：42-49.

[10] 贾秋锐，孙媛媛，王铭伟. 诱饵抗反辐射导弹技术分析[J]. 制导与引信，2011，32（1）：15-17.

[11] LÓPEZ R N，SANTALLA DEL RIO V. Estimation of the vertical gradient of the atmospheric refractivity from
      weather radar data using square trihedral corner reflector returns[C]. 2015 IEEE International Geoscience and
      Remote Sensing Symposium，Milan，2015：4867-4870.

[12] GE L L，CHENG E，LI X J，et al. Quantitative subsidence monitoring：The integrated InSAR，GPS and GIS
      approach[C]. The 6th International Symposium on Satellite Navigation Technology Including Mobile Positioning &
      Location Services，Melbourne，2003.

[13] 杨成生，侯建国，季灵运，等. InSAR 中人工角反射器方法的研究[J]. 测绘工程，2008，17（4）：12-14.

[14] 赵俊娟，尹京苑，李成范，等. 地震形变监测中人工角反射器的应用[J]. 灾害学，2013，28（4）：34-39.

[15] 李铁，马岸英. 目标近场 RCS 标定问题研究[J]. 制导与引信，1996，17（4）：65-69.

[16] 欧乃铭，白明，梁彬，等. 三角板角反射器在 RCS 定标测试中的应用[J]. 北京航空航天大学学报，2013，
      39（2）：220-224.

[17] FUJITA M，NAITO H，FUGONO N. SIR-B image calibration by a corner reflector array[J]. International Journal
      of Remote Sensing，1988，9（5）：849-856.

[18] GALLOWAY J，PAZMANY A，MCINTOSH R，et al. Calibration of an airborne W-Band polarimeter using drizzle
      and a trihedral corner reflector[C]. International Geoscience and Remote Sensing Symposium，Lincoln，1996：
      743-745.

[19] KUSANO S，SATO M. Evaluation of trihedral corner reflector for SAR polarimetric calibration[J]. IEICE Transactions
      on Electronics，2009，（1）：112-115.

[20] 张婷，张鹏飞，曾琪明. SAR 定标中角反射器的研究[J]. 遥感信息，2010，25（3）：38-42，70.

[21] 翁寅侃. SAR 角反射器的优化设计及其应用[D]. 武汉：武汉大学，2017.

[22] SARABANDI K，CHIU T C. Optimum corner reflectors design[C]. Proceedings of the 1996 IEEE National Radar Conference，Ann Arbor，1996：148-153.

[23] SARABANDI K，CHIU T C. Optimum corner reflectors for calibration of imaging radars[J]. IEEE Transactions on Antennas and Propagation，1996，44（10）：1348-1361.

[24] MICHELSON D G，JULL E V. Depolarizing trihedral corner reflectors for radar navigation and remote sensing[J]. IEEE Transactions on Antennas and Propagation，1995，43（5）：513-518.

[25] HANNINEN I，PITKONEN M，NIKOSKINEN K I，et al. Method of moments analysis of the backscattering properties of a corrugated trihedral corner reflector[J]. IEEE Transactions on Antennas and Propagation，2006，54（4）：1167-1173.

[26] 郭辉萍，刘学观，殷红成，等. 各向异性材料涂覆金属二面角反射器的 RCS 分析[J].电子与信息学报，2003，25（9）：1255-1260.

[27] DOERRY A W，BROCK B C. Radar cross section of triangular trihedral reflector with extended bottom plate[R]. Albuquerque：Sandia National Laboratories，2009.

[28] DOERRY A W，BROCK B C. A better trihedral corner reflector for low grazing angles[C]. Conference on Radar Sensor Technology XVI，Baltimore，2012：83611B-83611B-12.

[29] 李有才，郑春弟，黄强. 旋转式 RCS 可变角反射器的结构设计与可行性研究[J]. 舰船电子对抗，2011，34（3）：106-109，120.

[30] 祝寄徐，裴志斌，屈绍波，等. 一种加载超材料吸波体的新型二面角反射器的设计[J]. 空军工程大学学报（自然科学版），2013，14（6）：85-88.

[31] 胡峥峥，刘国权，杨大峰，等. 用于柔性角反射器金属织物的制备和性能[J]. 电镀与涂饰，2014，33（12）：499-502，543.

[32] ALGAFSH A，INGGS M，MISHRA A K. The effect of perforating the corner reflector on maximum radar cross section[C]. 2016 16th Mediterranean Microwave Symposium，Abu Dhabi，2016：1-4.

[33] 葛尧，王硕，郭京. 基于 FEKO 计算的异型结构三面角反射器 RCS 特性分析[J]. 战术导弹技术，2021，（1）：121-125.

[34] FERRARA G，MATTIA F，POSA F. Backscattering study on non-orthogonal trihedral corner reflectors[J]. IEE Proceedings-Microwaves，Antennas and Propagation，1995，142（6）：441-446.

[35] GENNARELLI C，RICCIO G，CORONA P，et al. Evaluation of the field backscattered by loaded trihedral corner reflectors[J]. Journal of Electromagnetic Waves and Applications，2003，17（4）：529-550.

[36] 姜山，王国栋，王化深. 三角形三面角反射器加工公差对其单站 RCS 影响研究[J]. 航空兵器，2006，13（4）：24-27.

[37] 田忠明，郭琨毅，盛新庆. 角反射器表面粗糙度对单站 RCS 的影响[J]. 北京理工大学学报，2011，31（10）：1227-1230.

[38] 卢珊珊，杨国伟，毕美华，等. 具有面形误差的角反射器反射特性研究[J]. 无线电工程，2017，47（11）：54-58.

[39] KNOTT E. RCS reduction of dihedral corners[J]. IEEE Transactions on Antennas and Propagation，1977，25（3）：406-409.

[40] POLYCARPOU A C，BALANIS C A，TIRKAS P A. Radar cross section evaluation of the square trihedral corner reflector using PO and MEC[C]. Proceedings of IEEE Antennas and Propagation Society International Symposium，Ann Arbor，1993：1428-1431.

[41] POLYCARPOU A C, BALANIS C A, TIRKAS P A. Radar cross section of trihedral corner reflectors: Theory and experiment[J]. Electromagnetics, 1995, 15 (5): 457-484.

[42] CORONA P, FERRARA G, D'AGOSTINO F, et al. An improved physical optics model for the evaluation of the field backscattered by triangular trihedral corner reflectors[C]. Proceedings of 8th Mediterranean Electrotechnical Conference on Industrial Applications in Power Systems, Computer Science and Telecommunications, Bari, 1996: 534-537.

[43] 赵维江, 葛德彪. 三面角反射器的高频电磁散射分析[J]. 电波科学学报, 1998, 13 (3): 301-303.

[44] CORONA P, GENNARELLI C, PELOSI G, et al. Backscattering by a dihedral corner reflector with surface deformations[J]. Journal of Electromagnetic Waves and Applications, 2000, 14 (6): 833-851.

[45] 陈振华, 才长帅, 李光伟, 等. 三角形角反射器的时域有限差分法分析[J]. 微计算机信息, 2007, 23 (29): 53-54, 66.

[46] 胡生亮, 罗亚松, 刘忠. 海上多角反射体群雷达散射面积的快速预估算法[J]. 海军工程大学学报, 2012, 24 (4): 72-75, 96.

[47] 翁寅侃, 李松, 杨晋陵, 等. SAR 辐射定标中角反射器 RCS 的快速求解[J]. 武汉大学学报 (信息科学版), 2015, 40 (11): 1551-1556.

[48] 范学满, 胡生亮, 贺静波. 一种角反射体雷达散射截面积的高频预估算法[J]. 电波科学学报, 2016, 31 (2): 331-335, 362.

[49] USLENGHI P L E. Closed-form scattering by a class of skew trihedral reflectors[J]. IEEE Transactions on Antennas and Propagation, 2017, 65 (6): 3279-3281.

[50] SAHOO N K, PARIDA R K, PANDA D C. Comparison of numerical methods in RCS computation of corner reflectors[C]. 2018 International Conference on Applied Electromagnetics, Signal Processing and Communication, Bhubaneswar, 2018: 1-3.

[51] HILLERY H V. Triplane and corner reflector targets for underwater sound[J]. The Journal of the Acoustical Society of America, 1960, 32 (11): 1520.

[52] WALLACE R H, HILLERY H V, BARNARD G R, et al. Experimental investigation of several passive sonar targets[J]. The Journal of the Acoustical Society of America, 1975, 57 (4): 862-869.

[53] LEE D J, SIN H I. Ultrasonic reflection characteristics of the underwater corner reflector[J]. Bulletin of the Korean Society of Fisheries Technology, 1983, 19 (1): 25-32.

[54] SHAW M T, LOGGINS C D, NIELSEN R O. Performance verification testing of a high-resolution side-looking sonar[C]. MTS/IEEE Oceans 2001. An Ocean Odyssey. Conference Proceedings, Honolulu, 2001: 1745-1749.

[55] 陈文剑, 孙辉, 张明辉, 等. 空腔结构组合式水下角反射体: CN203101635U[P]. 2013.

[56] 陈文剑, 孙辉. 计算水下凹面目标散射声场的声束弹跳法[J]. 声学学报, 2013, 38 (2): 147-152.

[57] CHEN W J. Study on the acoustic backscattering characteristics of underwater corner reflector[J]. Journal of Information and Computational Science, 2015, 12 (1): 1-7.

[58] 陈文剑. 水下角反射体声学标记物反向声散射特性研究[D]. 哈尔滨: 哈尔滨工程大学, 2012.

[59] 陈文剑, 孙辉, 孙铁林, 等. 一种快速预估水下三角形角反射体散射声场的方法: CN103761416B[P]. 2017.

[60] 陈文剑, 孙辉, 孙铁林, 等. 一种快速预估水下圆形角反射体散射声场的方法: CN103853914B[P]. 2017.

[61] 梁晶晶, 于洋, 陈文剑, 等. 快速预估水下圆形角反射体散射声场的修正声束弹跳方法[J]. 声学技术, 2017, 36 (4): 303-308.

[62] 陈文剑, 范军, 王斌, 等. 一种实时调整姿态的悬浮式水下声学标准体: CN113406647B[P]. 2023.

[63] 陈文剑, 吕良浩, 殷敬伟, 等. 一种水下沉底悬浮式声学标记体: CN113391316B[P]. 2023.

[64] 陈文剑, 殷敬伟, 孙辉, 等. 一种可弯曲折叠的空气夹层式柔性声反射结构及其应用: CN113380219B[P]. 2022.

[65] 陈文剑, 孙辉, 殷敬伟, 等. 一种可弯曲折叠的空心玻璃微珠夹层式柔性声反射结构及应用: CN113488018B[P]. 2022.

[66] 陈文剑, 朱建军, 孙义诚, 等. 水下双层十字交叉组合二面角反射体[J]. 哈尔滨工程大学学报, 2023, 44 (8): 1382-1390.

[67] 罗祎, 何华云, 陈鑫. 基于角反射器的诱扫主动攻击水雷方法[J]. 指挥控制与仿真, 2016, 38 (5): 112-115.

[68] 罗祎, 文无敌, 陈鑫. 一种水下目标尺度特征无源模拟优化方法[J]. 海军工程大学学报, 2018, 30 (1): 98-102.

[69] 陈鑫, 罗祎, 李爱华. 水下弹性角反射器声散射特性[J]. 兵工学报, 2018, 39 (11): 2236-2242.

[70] 陈鑫, 罗祎. 水下刚性角反射器散射特性[J]. 声学技术, 2019, 38 (3): 278-283.

[71] 罗祎, 陈鑫. 水下空气腔角反射器声散射特性[J]. 兵工学报, 2019, 40 (10): 2129-2135.

[72] LUO Y, CHEN X, XIAO D W, et al. An air cavity method for increasing the underwater acoustic targets strength of corner reflector[J]. Defence Technology, 2020, 16 (2): 493-501.

[73] 罗祎, 王杰亚, 谢涛涛. 提升水下角反射器声反射性能的泡沫塑料夹层方法[J]. 兵工学报, 2020, 41 (10): 2081-2087.

[74] 谢涛涛, 罗祎, 程锦房, 等. 非正交刚性角反射器声散射特性研究[J]. 舰船电子工程, 2021, 41 (11): 150-154, 163.

[75] 谢涛涛, 罗祎, 肖大为. 水下非正交声学角反射器声散射特性研究[J]. 水下无人系统学报, 2022, 30 (1): 94-101.

[76] 张揽月, 张明辉. 振动与声基础[M]. 哈尔滨: 哈尔滨工程大学出版社, 2016: 198, 209.

[77] 汤渭霖. 用物理声学方法计算非硬表面的声散射[J]. 声学学报, 1993, 18 (1): 45-53.

[78] 范军. 潜艇回波特性预报[D]. 哈尔滨: 哈尔滨工程大学, 1998.

[79] 范军, 汤渭霖, 卓琳凯. 声呐目标回声特性预报的板块元方法[J]. 船舶力学, 2012, 16 (S1): 171-180.

[80] 汤渭霖, 范军, 马忠成. 水中目标声散射[M]. 北京: 科学出版社, 2018.

[81] LEE S W, MITTRA R. Fourier transform of a polygonal shape function and its application in electromagnetics[J]. IEEE Transactions on Antennas and Propagation, 1983, 31 (1): 99-103.

[82] GORDON W. Far-field approximations to the Kirchoff-Helmholtz representations of scattered fields[J]. IEEE Transactions on Antennas and Propagation, 1975, 23 (4): 590-592.

[83] 刘成元, 张明敏, 程广利, 等. 一种改进的板块元目标回声计算方法[J]. 海军工程大学学报, 2008, 20 (1): 25-27, 31.

[84] 姬金祖, 黄沛霖, 马云鹏, 等. 隐身原理[M]. 北京: 北京航空航天大学出版社, 2018.

[85] 刘伯胜, 黄益旺, 陈文剑, 等. 水声学原理[M]. 3版. 北京: 科学出版社, 2019.

[86] MÖLLER T, TRUMBORE B. Fast, minimum storage ray-triangle intersection [J]. Journal of Graphics Tools, 1997, 2 (1): 21-28.

[87] 郑国垠, 范军, 汤渭霖. 考虑遮挡和二次散射的修正板块元算法[J]. 声学学报, 2011, 36 (4): 377-383.

[88] LAWRENCE E K, AUSTIN R C, ALAN B C, et al. Fundamentals of Acoustics[M]. 4th ed. New York: Hamilton Press, 2000.

[89] 杜功焕, 朱哲民, 龚秀芬. 声学基础[M]. 3版. 南京: 南京大学出版社, 2012.

[90] 陈文剑, 厉夫兵, 殷敬伟, 等. 随机起伏冰面三维声散射的 Kirchhoff 近似数值计算模型[J]. 声学学报, 2021, 46 (1): 1-10.

[91] 郭立新，王蕊，吴振森. 随机粗糙面散射的基本理论与方法[M]. 北京：科学出版社，2010.

[92] 阿肯巴赫. 弹性固体中波的传播[M]. 徐植信，洪锦如，译. 上海：同济大学出版社，1992.

[93] 陈文剑，殷敬伟，周焕玲，等. 平面冰层覆盖下水中声传播损失特性分析[J]. 极地研究，2017，29（2）：194-203.

[94] EISLER T J. Backscattering cross section of a rigid biconic reflector[J]. The Journal of the Acoustical Society of America，2000，108（4）：1474-1479.

[95] 孟荻，袁延艺，刘平香. 声诱饵对尺度目标的回波模拟方法[J]. 声学技术，2015，34（3）：275-278.

[96] 唐波，孟荻，范文涛. 国外水声对抗器材发展现状与启示：潜用器材[J]. 水下无人系统学报，2022，30（1）：15-22.

[97] 石敏，陈立纲，蒋兴舟，等. 具有亮点和方位延展特征的线列阵声诱饵研究[J]. 海军工程大学学报，2005，17（1）：58-62.

[98] 周敏佳，袁志勇. 大口径声诱饵在组合使用中的研究[J]. 四川兵工学报，2015，36（4）：36-38.

[99] 印明powerful，刘平香. 时延误差对声诱饵模拟尺度亮点效果的影响[J]. 声学技术，2013，32（4）：116-119.

[100] 赵俊杰. 一种多点实时收发尺度目标模拟器的 DSP 实现方法[J]. 鱼雷技术，2016，24（6）：426-430.

[101] MALME C I. Development of a high target strength passive acoustic reflector for low-frequency sonar applications[J]. IEEE Journal of Oceanic Engineering，1994，19（3）：438-448.

[102] NERO R W，THOMPSON C H，FEUILLADE C，et al. A highly reflective low cost backscattering target[J]. IEEE Journal of Oceanic Engineering，2001，26（2）：259-265.

[103] 张小凤，赵俊渭，王尚斌，等. 水下物理目标声反射器研究[J]. 兵工学报，2004，25（5）：600-603.

[104] 刘宗伟，孙超. 组合式水下目标体反射特性试验研究[J]. 鱼雷技术，2010，18（3）：192-196.

[105] 张德泽. 高散射强度低频散射体的研究[D]. 北京：中国舰船研究院，2015.

[106] NELL C W，GILROY L E. An improved BASIS model for the BeTSSi submarine：TR 2003-199[R]. Dartmouth：Defence R&D Canada-Atlantic，2003.